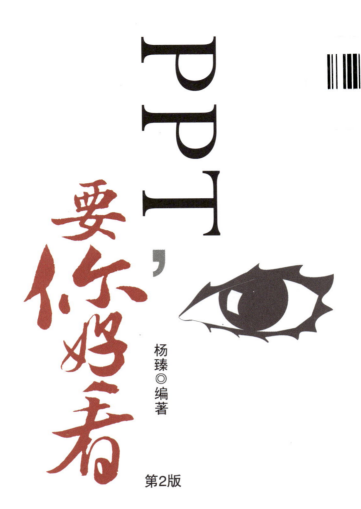

PPT，要你好看

第2版

杨臻 ◎ 编著

电子工业出版社
Publishing House of Electronics Industry
北京·BEIJING

内 容 简 介

此刻呈现在你面前的是这样一本书：

它专为非设计专业的你准备，无须任何设计基础即可阅读；

它既能让你的PPT倍儿有面子，又能为你的PPT制作节约大量时间；

它注重操作，即学即用；

它融合了大量的优秀PPT实例，不啰唆；

它基础、全面、系统、深入，新手可用于入门，老手可依之精进；

你既可以把它当作PPT设计的学习指南，又可以把它作为工具书放在案头随手查阅；

它不是五花肉，它是牛排。

未经许可，不得以任何方式复制或抄袭本书之部分或全部内容。
版权所有，侵权必究。

图书在版编目（CIP）数据

PPT，要你好看 / 杨臻编著. —2版. —北京：电子工业出版社，2015.7
ISBN 978-7-121-25945-6

Ⅰ. ①P… Ⅱ. ①杨… Ⅲ. ①图形软件 Ⅳ. ①TP391.41

中国版本图书馆CIP数据核字（2015）第084679号

策划编辑：张月萍
责任编辑：安　娜
印　　刷：中国电影出版社印刷厂
装　　订：中国电影出版社印刷厂
出版发行：电子工业出版社
　　　　　北京市海淀区万寿路173信箱　邮编：100036
开　　本：787×980　1/16　印张：15.75　字数：340千字
版　　次：2012年1月第1版
　　　　　2015年7月第2版
印　　次：2022年3月第19次印刷
印　　数：48001~49000册　定价：66.00元

凡所购买电子工业出版社图书有缺损问题，请向购买书店调换。若书店售缺，请与本社发行部联系，联系及邮购电话：（010）88254888，88258888。
质量投诉请发邮件至zlts@phei.com.cn，盗版侵权举报请发邮件至dbqq@phei.com.cn。
本书咨询联系方式：010-51260888-819，faq@phei.com.cn。

写在前面的话

每个人的童年记忆里，大概都有些难以忘却的小事。比如对儿时记忆所剩无几的我，也还深深记得的宝塔糖：鲜艳的色彩、可爱的形状、甜甜的味道，所有的药都像宝塔糖一样该多好。

PPT也是一服药。想要药到病除（达成宣讲目的），就得对症下药（击中观众痛点），精选药材（谨慎选择论据），精心制药（建立具有说服力的逻辑）。但若仅能如此，就不免良药苦口，让人敬而远之。所以还要对内容进行视觉化与排版美化，以赋其色、美其形、甘其味，像宝塔糖一样内外兼修。

问题在于，PPT制作者来自各行各业，他们绝大多数都没有接受过专业的审美及视觉化训练。为了把PPT做得漂亮些，他们不得不下载、套用网上的PPT模板。但这些模板很难与当前的PPT主题完全符合，视觉化设计也不可能是为自己的文案专门定制的，这样东拼西凑、生拉硬套，做出的PPT要么风格混乱，要么徒有其表，无法体现演说的要点及关键。

为帮助PPT制作者摆脱对模板的依赖，《PPT，要你好看》第一版以初学者为目标，以实用性和可操作性为标准，对PPT设计要点进行了归纳和整合。第一版上市之后广受好评，在PPT爱好者中赢得了极高的口碑，不仅被很多PPT培训师用作参考，还被多所高校选为专业教材。这样的结果让我无比荣幸，另一方面也让我倍感压力。

尽管第一版搭建了一个比较完整的PPT设计知识框架，但其结构远不够精细和深入。更重要的是，我注意到人们之所以无法做出漂亮的PPT，常常并不是因为技术的不足，而是审美的欠缺。所以我用一年多的时间，对其进行了修订。

与其说是修订，不如说是重写。第二版改变了以技术性陈述为主的写作方法，而尝试从分享设计的感觉着手，通过大量案例，着重帮助读者提升美感。与第一版相比，第二版的每一章内容都进行了大幅修改和深化，其中文字、图片、动画、排版、配色这五章甚至完全重写。这样，在删除不够实用的内容并完全砍掉了两个整章后，全书内容反而翻了一倍，这让我们不得不尽量缩小插图，以保持全书厚度。除此之外，我们还录制了120分钟入门教学视频，以保证基础较差的读者能够无障碍地学习本书。

这一切都为了让您阅读愉快，请您细嚼慢咽。

业内人士的推荐（第一版）
（排名不分先后，以姓氏拼音排序）

在此之前，无论你是否了解PPT，看完此书，你都想和PPT私奔。

爱PPT论坛超级版主，阿呆

在我眼里，般若黑洞是一位狂热的PPT发烧友，也是一位特别具有钻研精神的PPT爱好者。他撰写的高质量PPT文章和分享的优秀PPT作品被广为传播，让很多PPT制作者从中受益。

记得般若黑洞准备写这本书的时候，曾写E-mail咨询过我的看法，我当时建议他注意几个要点：一是找准切入点，尽可能不要人云亦云；二是发挥自己的特点，让书具有鲜明的个性化色彩。阅读过这本书之后，我认为这本书已经达到了当初的设想，而且具有三个显著特点。

一是操作性比较强。作为一位深度PPT爱好者，我几乎看过市面上所有的PPT书籍，比较而言本书操作性是很强的，读者可以容易地将本书传授的技巧运用到自己的PPT中。这是本书最大的价值之所在。

二是集众家所长。本书在案例的选择上下足工夫，除了为本书专门设计的很多PPT外，般若黑洞还精心挑选他人的优秀作品作为案例，为设计原则和设计技巧等问题作了充分的解答。

三是内容较为全面。从文字的美化、图片的修饰、图表的设计，到页面的排版、动画的设置等内容，般若黑洞均作了详细的阐述。这让这本书具有较强的指南针式的作用。

相信看过这本书的朋友会渐渐领略到PPT的神奇和美妙之处，这也是我们这些PPT爱好者一直孜孜不倦去研究和尝试的主要原因。希望般若黑洞能在PPT道路上越走越远！

中国著名管理咨询专家和培训专家
《说服力：让你的PPT会说话》作者
《说服力：工作型PPT该这样做》作者
中国最具影响力的PPT博主之一（lonelyfish1920.blog.163.com）
包翔（Lonely Fish）

读此书就像听一位PPT演示设计专家跟我用心在交流，作者经验丰富、逻辑清晰、思想敏锐、操作简练，所讲的内容实用、新颖、深刻、系统。

中国专业PPT领跑者——锐普PPT策划与培训师/演示设计畅销书《PPT演义》作者　陈魁

本书的可操作性很给力，不仅提供了丰富的PPT制作技巧，还从PPT设计、制作各个角度提供了非常好的思路，可以让初学者快速上手，制作出专业级别的PPT，是一本PPT设计领域不可多得的实用工具书！

无忧PPT站长　丁峰

这是一本PPT实用手册。对于非专业美术设计的人来说，PPT文字、图片和界面如何去美化，是一件让人感到无从着手的事。本书有图有实例，通过大量具体翔实的案例，全面讲解了各项美化PPT的方法和技巧。依照本书内容动手操作一下，相信你一定会收获惊喜！

领先课件制作培训中心首席培训师　何佳瑾

优秀的幻灯片应该是一件令人赏心悦目的设计作品。本书作者不但通过准确简练的文字介绍了软件的使用方法与技巧，而且运用大量的实例展示了幻灯片的设计理论与方法，使读者在掌握技术的基础上，进一步提高幻灯片的设计水平，将作品提升到更高层次。

PPT达人　灰色的风

设计的工作讲求"眼高手高"，只有见得多了，意识到了，才会试着去"应用"。PPT制作也一样，当菜单操作不再成为难题时，就该考虑如何"表现"才合适的问题了。相信这本书里广而新的精彩案例能给读者带来足够的启发。

微软PowerPoint MVP
Nordri（诺睿）设计创始人
《美哉，PowerPoint完美演示之路》
《大好评，美感简报设计》（台湾版）作者
刘浩

近来，PPT商务演示的书籍日渐火爆，这意味着作者们水平的提高，也引领职业化水平的提升。PPT制作看似雕虫小技，要做好却是工夫活。般若黑洞的这本书，恰如其分地为职场精英们提供了一条学习的途径，值得推荐。

知名PPT博主　大乘起信（刘革）

很早就在关注般若黑洞的博客了，也在不断地从中汲取营养，令人感动的是，般若黑洞也是国内为数不多的将关注点放在PPT工具之外的实践者与分享者，深入且细致。《PPT，要你好看》是一本大家都可以掌握的设计书，用心研读将极大帮助使用者改善PPT设计，获得更好的展示效果。

商业演示专家　马建强

假如你不满足于复制、粘贴的构思，假如你不满足于项目编号式的排版，假如你不满足于一成不变的创意，我认为这是一本能给你带来思路、灵感、方法和工具的书。

《说服力：工作型PPT该这样做》作者　秋叶

2007年，当我开始专注于PPT的学习时，资源很少，只有presentationzen的博客。转眼4年过去了，国内关注研究PPT的同好越来越多了，长江后浪推前浪，一浪更比一浪强。在这其中，黑洞便是让我崇拜的人，他小小的年纪，写着对人有益的博客，有着令人赞叹的作品。如果你是PPT爱好者，你的案头上应该摆一本黑洞的书。

《PPT演示之道——写给非设计人员的幻灯片指南》作者，自由培训师 孙小小

很多领导经常会问我一些关于PPT的问题："你们专业做商务演示设计，战斗在PPT的第一线，那为什么我们做的PPT内容上都没什么问题，但演示效果一般，很难征服观众，到底是什么原因？"有的还会进一步追问："有没有适合的模板可以直接拿来修改？"、"有没有适合的PPT书籍推荐给员工，我们也需要懂PPT设计的人员，现在商务演示对企业发展太重要了？"我说："如果演示效果不好，那么您是在向黑暗抛媚眼，如果是设计不行，那就建议您的文秘学习专业的PPT设计技术。"

本书帮助我们梳理了PPT设计需要注意的各大问题，系统明了地阐述了职场人士在PPT设计中关于文字、图片、图表、排版和动画等技巧，实践操作性强，图文并茂，从传统图书"宣告"模式向"感召"模式转变，是近几年难得的PPT好书，值得推荐给每一个战斗在职场上的人士细细品尝。

最后感谢般若黑洞，让我们从此不再向黑暗抛媚眼。

德润PPT 谭亚丁

常"玩"PPT的人大多知道"般若黑洞"，按其本人的解释，"般若"是指超越一切的智慧，"黑洞"则是把一切都吸向自己。这个名字与他很匹配，般若黑洞行事低调，国内各大PPT论坛上鲜见其踪，然而博客中的文章却见闻广博，无疑是长期潜伏，以黑洞的姿态鲸吞并提炼知识的结果。桃李不言，他的博客文章被大量转贴，口碑极好。有道是物盈则溢，而今般若黑洞厚积乃发，终于出书了，并且是面向广大的初学者，这对PPT爱好者来说绝对是个好消息！

时常在网上看到有人询问如何制作"炫"的PPT，那么一个"炫"的PPT是什么样子的？我想至少应当具备4点要求——创意独殊、构图美观、色调和谐、节奏流畅。然而达到这些要求并非易事，你需要综合掌握设计、排版、配色、动画等各方面知识与技巧，就像水位取决于水桶最低的木板，许多人因为某方面是弱项，导致做出来的PPT差强人意。如果你正是这种情况，那么般若黑洞的书，恰好可以满足你。

从样稿目录来看，此书涵盖PPT的所有知识面，因为从基础开始写起，所以即使是零基础的门外汉也可以轻松阅读。但是如果你以为全书的内容很浅显，那就错了，作为一个长期研习PPT的爱好者，在我阅读的过程中，从前面基础部分一目十行，渐渐地一段一停，再到后来一字一句地去理解，仿佛有奋力登高的感觉，而且文章中透露了许多般若黑洞独到的见解与技巧，绝对需要慢慢消化，相信这本书不仅适合初学者，PPT的高手也能从中受益。

作为老牌PPT专家，般若黑洞经验丰富，娴于讲解，擅长以通俗易懂的方式阐述PPT的各方面理论与实例，个人非常欣赏第8章帧动画的原理分析，作者相当有创意地利用条形图表将原本晦涩的逐帧循环制作原理，直观地表达出来，这不禁让我联想起书中第1章关于PPT图表重要作用的论述。如此看来，般若黑洞不仅仅是简单的讲解PPT实用理论，更是PPT理论的践行者。

当然，本书为了照顾初学者，书中不可避免地涉及太多的基础知识，对于已经掌握的"老鸟"来说，阅读中未免有些枯燥，而且由于时常"跳"着看，很容易错过作者的一些独到心得与技巧，建议将基础和进阶内容，分为"菜鸟区"与"老鸟区"，或者在需要留意的地方加粗凸显，以方便不同阅读群的需要。此外，在综合运用中，对于PPT涉及的其他常用软件，只有位图软件Photoshop的技巧，却没有同等重要的矢量软件AI或CorelDRAW，不能不说是个遗憾。

以上仅仅是对样稿的尝鲜感言，挂一漏万，也许还有更多的精彩尚未发现，期待般若黑洞的大作尽早问世，让大家一饱眼福。

PPT设计达人　天好

近两年的PPT图书市场异常火爆，其中不乏有很多优秀的书籍，般若黑洞的新书《PPT，要你好看》就是其中之一。书中少了一些华丽辞藻的修饰，更多的是将作者的"PPT必杀技"倾情传授。如何做出一个优秀的PPT演示文稿，让般若黑洞告诉你！

扑奔PPT网（www.pooban.com）版主　许多

PPT还用学吗？好高骛远是使用PPT的人的通病，地基打不好何来高楼大厦。这本书前面的部分侧重操作技巧，抛弃了一些专业术语，用直白的语言把晦涩难懂的东西轻松地呈现给大家，实用性和可操作性极强。期间应用的案例多是国内外比较前瞻性的，也有作者精心制作的爽口小菜，经过作者的剖析，别有一番味道，绝对让你回味无穷。

书后面虽然还是沿袭"版式、配色、模板……"等框架，但是却是比较升华的部分。排版上更把"亲密、对比、对齐、重复"等平面设计原则引入其中，配以丰富的案例变成本土化的东西。一直令我们困惑的配色问题，作者也给了很多的方法和捷径，绝对的开拓眼界。

今天PPT作为我们对外交流的工具被广泛应用，遍布教学科研、政府机构和各企事业单位。虽然市面上有关PPT的书很多，但还是推荐你看看这本，因为能够把晦涩的东西讲得有新意，不是一般人能做到的。

PPT达人　蝇子

PPT是现代职场必备工具之一，它让人又爱又恨，因为PPT有助于观点有效表达与展示，加深听众理解，但制作一份优秀的PPT又是件让人抓狂的事。这本书将让你不再抓狂，书中不仅列举了大量优秀实例，同时涵盖全面的PPT设计基础知识，更有各种操作技巧及设计思路的探讨。菜鸟们可作为基础入门及提升用，高手们可用来温故知新，查缺补漏，开拓PPT制作思路。

畅销书《谁说菜鸟不会数据分析》作者　张文霖

目　　录

第1章
演示初心　　/1
1.1　为什么要做PPT？　　/2
1.2　PPT的四堂理论课　　/4
1.3　如何成为PPT高手　　/7

第2章
制图概要　　/9
2.1　急速熟悉PowerPoint 2010　　/10
2.2　PowerPoint的五个制图功能　　/15
2.3　PPT的三大制图技巧　　/27
2.4　PPT图示制作基础　　/34

第3章
字体气质　　/38
3.1　文字的缺点及优点　　/39
3.2　文字的三要素　　/39
3.3　字体的选择　　/45

第4章
图像力量　　/55
4.1　图片的作用　　/56
4.2　图片的用法　　/57
4.3　图片选择的雷区　　/60
4.4　苹果公司怎样用图片　　/66
4.5　图片的格式分类　　/69
4.6　图片的搜索　　/71
4.7　图片的基本处理　　/73
4.8　图片的高阶处理　　/76
4.9　多图安排的注意事项　　/78
4.10　图文混排　　/79

第5章 图表魔术 /82

- 5.1 表格和图表的四个基本要求 /83
- 5.2 表格的设计 /86
- 5.3 图表的基本构成 /89
- 5.4 选择正确的图表 /90
- 5.5 图表的制作 /94
- 5.6 几种经典图表 /98
- 5.7 图表的美化 /101
- 5.8 图表的真相 /104
- 5.9 启发图表制作的5个站点 /107

第6章 图示表达 /109

- 6.1 图示制作的三大误区 /110
- 6.2 基本关系的图示化 /112
- 6.3 复杂关系的图示化 /125
- 6.4 图示的美化 /126

第7章 解密动画 /130

- 7.1 动画的作用 /131
- 7.2 动画的要求 /131
- 7.3 动画的三种类型 /132
- 7.4 动画的基本设置 /132
- 7.5 基本动画解析 /136
- 7.6 动画的扩展 /140
- 7.7 辅助动画技巧 /147
- 7.8 页面切换动画 /151
- 7.9 音频与视频 /154

第8章 排版语言 /158

- 8.1 要事第一 /159
- 8.2 选择版式 /160
- 8.3 组织信息 /163
- 8.4 锦上添花 /172
- 8.5 化静为动 /178

8.6 视线操控　　/181
8.7 统一风格　　/184

第9章
色彩感觉　　/187
9.1 定义颜色　　/188
9.2 色彩的感受　　/189
9.3 色彩的性格　　/191
9.4 色轮　　/195
9.5 配色方法　　/198
9.6 配色的捷径　　/202

第10章
模板速成　　/204
10.1 模板的构成　　/205
10.2 创建模板　　/206
10.3 封面设计　　/207
10.4 内容页设计　　/212
10.5 导航系统　　/215

第11章
保存发布　　/219
11.1 文件的格式　　/220
11.2 兼容性问题　　/221
11.3 演示文稿的保护　　/222
11.4 使用"演示者"视图　　/223
11.5 遥控演示PPT　　/224
11.6 录制幻灯片演示　　/225

附录A　PowerPoint 快捷键大全　　/227
附录B　字体的分类　　/228
附录C　图表　　/230
附录D　图示汇总　　/233
附录E　PowerPoint 2003/2010动画对照表　　/236
附录F　达人们都是怎么找图的　　/237
附录G　PPT原创博客推荐　　/239
附录H　其他一些应该知道的网站　　/241
鸣谢　　/242

01

第1章
演示初心

在这个星球上,每一秒钟都会诞生成百上千个PPT。无论是在学校、企业还是政府机构,没有人可以避开PPT的折磨。譬如你的领导可能不需要使用Word和Excel,但却总在生死攸关的紧要关头急需一个漂亮的PPT。作为一只苦苦挣扎的小蚂蚁,你难道没发现这样一个天赐良机?做漂亮的PPT让领导主动找到你,让PPT成为你的差异化竞争力!

如果你除了输入文字和插入图片,对如何制作一个漂亮的PPT几乎一无所知,那么为自己投点资就十分必要了。比如用几个晚上阅读这样一本不到三百页的书,让它教你用最短的时间超越那些摸爬滚打多年的PPT用户。我保证这个过程比阅读任何行业专著都要舒服。

不忘初心,才能走得更远。在正式开始之前,我们先来思考几个问题:为什么要用PPT,好的PPT应该长什么样子,以及如何成为一个PPT高手?

1.1 为什么要做PPT?

为什么有人愿意花费一个上午,专程听一个演说,看一个PPT?无非两点:一、演说的信息对他来说是重要的;二、通过其他途径得到这些信息需要付出更多成本(如精力和时间)。所以为了让观众感觉值回票价,我们必须舍得拿出自己的经验、智慧、精力与时间,将观众关心的信息浓缩到为他们量身定做的宣讲和PPT里。"量身定做"这四个字,正是优质演说的基本要求。

那么为什么要用PPT,而不是Word或者其他什么东西?因为那些挤满文字的Word和挤满数据的Excel文档连我们自己看来都无比伤神,何况是观众、客户和上司?所以你需要一套好用的厨具和一个漂亮的盘子,把文字、图片、数据等原料烹饪成一道色香味俱全的美餐。而同时作为厨具和盘子,也只有PPT可以胜任了。

PPT的第一个功能是图解(Diagrammatize)。**图解就是用图像解释信息,让信息一目了然**。向盲人解释一幅画是非常困难的,因为文字终究只是抽象的符号,在真理面前永远太过苍白。用文字来描述相对具象的信息,远远没有用图片来得容易。即使如系统架构或者逻辑关系类的抽象信息,使用图片表示也要比用语言更加简单直接。所以通过PPT将文字信息图像化后,观众对信息的理解和记忆都会大大加强。另外,使用图示和图表还可以帮助我们快速发现新的问题,找到新的问题解决方法,如图1-1所示。

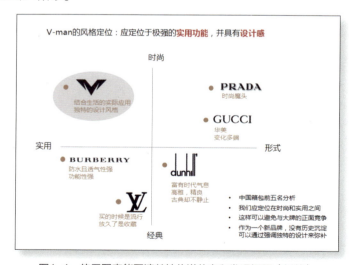

图1-1 使用图表能更清楚地传递信息和发现问题(刘革)

让观众顺畅地获得信息只是演示的第一步。演示的最终目的是说服,因此我们不仅要让观众理解演示的内容,更重要的是要让他们赞同我们,支持我们,乃至欣赏我们。因此,一个优秀的PPT有必要做到以下三点:吸引(Attract),引导(Guide)以及体验(Effect)。

吸引是让观众全心投入。 在舞台上魅力四射的特质不是人人都有，但一个大气漂亮的PPT却人人都能做到。美观的平面和动画设计不仅可以给观众留下良好的第一印象，而且能够牢牢抓住他们的视线，保证其在演示过程中注意力的集中。更重要的是，精美的PPT体现出我们对演示的精心准备，因而带给观众被尊重感。简而言之，PPT是构成演说魅力的重要部分。

引导是帮助观众随时掌握演示的进度，让观众随时能够身在其中。 让观众一直保持全神贯注的状态是非常困难的，因此需要设法保证其思维在短暂的离开后仍能跟上演示进程。PPT中的导航系统能够帮助观众在打完电话、处理完短信或者走神归来后了解当下演说的核心内容。而专门设计的导航系统也能帮助他们预估演示剩余的时间，防止等待造成的焦躁感，如图1-2所示。

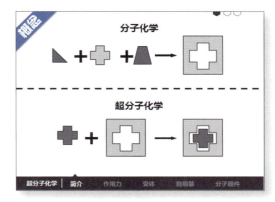

图1-2　PPT的导航系统能够帮助观众了解演示的结构及进程

体验是指营造演示的气氛，让观众建立对演示内容的感性认知。 PPT和网站、名片、宣传册、服装一样，都是演示者的气质外延。PPT中的图片、动画、配色等所传达的情感，能够对其认知产生潜移默化的影响。你的老板要求PPT做得高端、大气、上档次，其实就是让你通过"体验"让观众对公司产生信任感和良好的印象。图1-3所示的全图型PPT使用巨大的照片和极简的文字，具有非常强的视觉冲击力。

图1-3　选自SlideShare网站PPT大赛获奖作品Simplicity

在演示中，同时做到"图解"、"吸引"、"引导"和"体验"这四方面并不容易，因为达成这些目标所使用的设计方法常常是相互冲突的，比如太炫的PPT容易妨碍观众对演示内容的注意和理解，简洁的PPT在"引导"方面很有优势，但在观众的"体验"方面却容易欠缺。因此，制作PPT需要根据演示目的在这四方面之间做出权衡和取舍，寻找中庸之道，同时满足领导和观众各自真实的需求，而不是简单地把PPT做得花哨。

1.2 PPT的四堂理论课

演示是一门关于沟通的学问。制作PPT不是为了自嗨或者艺术创作，而是为了更好地与观众交流信息、达成演示目的。很多时候自认为做得还不错的PPT得不到好评，往往是因为我们过于注重PPT花哨的外表，却忽视了演示内涵的修炼。

本书不是一本专门讨论沟通技巧的书，但希望下面的四堂短短的理论课能为你的PPT制作提供一些参考。

我们是如何"看"的？

PPT是一门视觉沟通的学问，因此要设计好一个PPT，仔细回答下面这个问题至关重要："看"这个过程是如何发生的？

睁开眼睛，光线穿过瞳孔落到视网膜上，在视网膜上形成了一张"照片"，就像光线落到相机胶片上一样。这张照片和相机拍的有什么不同？请盯住这一行字，注意你视野周围的图像是否是模糊的？视网膜形成的"照片"，其中间的分辨率高，边缘的分辨率低，因此我们看一件东西时，会不自觉地转动眼球，将其放在视野中心。从视网膜得到的"照片"上，我们直接得到了颜色和位置两种基本信息，并进一步得到大小、形状等信息。这是"看"的第一阶段。

第二阶段，根据"看"的目的，对"照片"上的信息进行筛选和处理，得到所需图像。比如当我们要读的是文字时，纸张上的纹理、纸张的颜色等就会被过滤掉；而当我们观察这本书是否干净时，我们只会注意纸张上的污渍，纸张上的文字就会被过滤掉。

第三阶段，根据知识和经验，理解上一阶段得到的图像。比如嘴角上扬，我们解读出快乐的情绪；看到火焰，我们解读出危险、温暖等。而后，我们根据需要，选择继续盯住目标，还是转动眼球、移动视野，继续拍新的"照片"。注意，在这里视野的移动路线首先是根据知识和经验判断的，比如，看书的时候视线按"之"字移动，我们懂得按照箭头指示的方向移动视线，我们会看别人正在看的东西，我们会首先关注视野中最特别的东西等。"看"的过程如图1-4所示。

我们关心的问题是，如何让观众快速理解PPT上的信息？首先，我们需要减少第一阶段获取的"照片"上的信息量，以加快第二阶段的信息过滤和图像合成；其次，我们应当尊重观众"看"的经验，合理安排PPT上各元素的属性和位置，让观众快速拍到他们需要的"照片"。

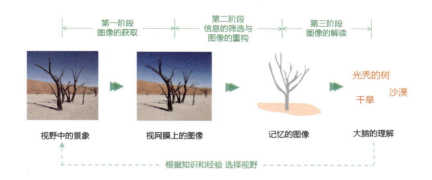

图1-4 "看"的过程

PPT为何需要图像化

初次制作PPT的人常常把PPT当成大号讲稿,把演示时所有要说的话都变成文字放到PPT里,这样做的结果是观众很难记住PPT里到底讲了些什么东西。很多记忆大师的记忆秘诀,就是在脑中将文字转化为图像记忆,但观众不太可能是记忆大师,所以需要我们帮助他们将文字尽可能地转化成图片或者图表,这个过程叫作视觉化。

人类对具象信息和抽象信息的处理是通过不同的通道完成的,如果抽象信息的传输通道是羊肠小道,那么具象信息的传输通道就好比高速公路。具象信息包括图片、动画等,抽象信息包括语言、文字、计算等。如果想让观众快速地记忆和理解演示内容,那么应当充分利用这两个通道,尤其是视觉通道,尽可能地将抽象的信息(特别是文字)转换为更具象的信息(如图片、图表、图示和动画等),如图1-5所示。

如果把PPT当成演讲稿,情形就和图1-6类似了:即更高效的视觉通道被荒废,单纯依靠语言通道又容易造成通道的阻塞,使得观众的记

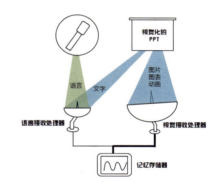

图1-5 视觉化PPT启用了双重通道,记忆效果好

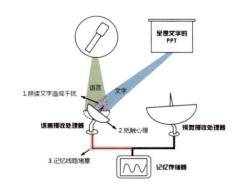

图1-6 把PPT做成讲稿存在三个问题

忆效果大大降低。照读文字会使得语言和文字两种信息相互干扰（即电影字幕和声音不匹配的感觉），产生1+1<1的负面效果，加之大段的文字容易使观众产生抵触情绪，让本来就不易记忆的语言更难被记住。

如何组织PPT信息更合理

新奇的事情更惹人注意和警惕，而熟悉的东西更容易被理解和记忆。例如你很难跟一位大妈讲清楚量子力学，因为量子力学和她的生活经验格格不入。所以要让观众记住并理解你的演示内容，按照他们熟悉的思维框架来组织内容再好不过。没有经过组织的PPT就像被打散的拼图，不仅难以理解，更难以记忆。没有人能够一眼看出图1-7（a）这堆打散的拼图原本是什么，就更不可能记住里面的内容，而拼图完成后，图1-7（b）中的事物变成了我们熟悉的景象，扫一眼就知大概。

（a）打散的拼图　　　（b）整合后的拼图

图1-7　拼图告诉我们，要按观众熟悉的套路组织PPT

如何保持观众注意力

演示刚刚开始时，观众的注意力都非常集中，但如果一直平铺直叙地讲下去，随着演示的进行，由于新鲜感的结束和疲劳的产生，他们的注意力会越来越低，如图1-8所示，这显然是我们不愿意看到的。

解决的方法是在每一个部分完成之后进行阶段性的总结，如图1-9所示，帮助他们理清思维，给他们喘息的时间，同时预示着下一部分的开始，提醒他们重新集中注意力。

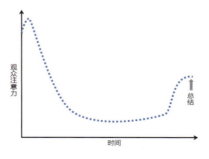

图1-8　演示开始一段时间后，观众的注意力会迅速降低

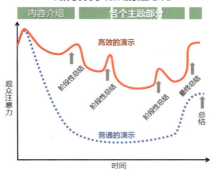

图1-9 阶段性的总结能够帮助观众集中注意力
Diamond/How to give a successful oral presentation
University of *Wisconsin*–Madison

1.3 如何成为PPT高手

如果高手是指PPT水平超过你周围大多数人,那么高手是可以速成的,你只要多下载些模板并学会娴熟地拆解和套用在你的PPT里就可以了。但这样的"高手"水平很快会停滞不前,然后泯然众人矣。

如果高手是指接到PPT任务总能从容应对,而且永远无法预测他下一个PPT会有哪些亮点的人,那么需要做到以下几点。

❶ 工欲善其事,必先利其器。精通PowerPoint各项操作是做好PPT的基础中的基础,这是常识,你必须重视。本书第2章将带你快速越过这一环节。

❷ 外行看热闹,内行看门道。内行就是在看到一个漂亮的PPT时,除了发出"哇"的一声,还能一眼就看出它特别在哪里,在PPT里如何做到,从而掌握它,并在以后的PPT里用到它。成为这种内行你需要了解并掌握PPT设计的各个知识点,如图1-10所示。本书就是教你快速成为这样的内行。

❸ 如果你没有使用它,就不可能掌握它。学习任何技能都是如此。只有通过练习和实战才能够完全掌握本书所教的技能。**一、临摹优秀的PPT,并做到真假难辨**。只有通过真假难辨的模仿你才能够了解一个PPT中的所有细节,以最大化榨取其价值,因此临摹是初学者提升PPT水平的最快方法。本书提供了数百个优秀的PPT案例,模仿得越多,进步就越快。**二、尽全力做好你遇到的每一个PPT,并且绝不重复已经做过的风格**。只有大胆尝试不同风格才能最大限度地挖掘自己的潜力,这是一个"内行"提高PPT水平的最快方法。

图1-10　PPT设计知识点一览

02

第2章
制图概要

使用PowerPoint绘图是一项难度较高的技能，是区分PPT高手和菜鸟的重要分水岭。PPT制图能够大大丰富PPT的美化手段，为制作不同风格的PPT提供了方便，更重要的是，制图功能可以让PPT用户制作专业级的示意图和机理图。

要想学会PPT制图，首先需要精通PowerPoint所提供的五个制图功能，而后再理解并掌握PPT制图所需要的三大核心技巧。不过在开始之前，需要首先熟悉PowerPoint 2010的软件界面和基本操作。

2.1 急速熟悉PowerPoint 2010

PowerPoint是最容易入门的办公软件之一，很多人花了几个小时的时间就掌握了PowerPoint的基本操作，但却在之后的若干年时间一直维持在一开始的"基本"水平，这很可惜，因为精通PowerPoint的关键技能同样只需要很短的时间。

强烈建议将PowerPoint升级到2010及以上版本，本书所讲解的内容全部基于Microsoft PowerPoint 2010（注意不是WPS Office），其中很多关键功能2010以下的版本并不具备。你可能一直在用PowerPoint 2003，这不是问题，因为PowerPoint 2010中革新的Ribbon菜单系统完全不需要适应，无须像在PowerPoint 2003中那样记忆烦琐的菜单和命令，现在只需通过直觉就可以自然而然搞定一切。

学习使用Ribbon菜单

微信扫码看视频

打开PowerPoint 2010之后，最先看到的就是"开始"选项卡。"开始"选项卡中集成了PowerPoint中最常用的命令，包括剪贴选项和格式刷、字体设置命令、段落设置命令、绘图命令以及查找和替换等编辑命令。无须翻动菜单，最常用的命令一眼就可以看到，如图2-1所示。

图2-1 "开始"选项卡

单击"开始"选项卡左侧的"文件"选项卡，即可打开"文件"菜单。这里包含了对当前PPT文件的所有操作，如保存文件（保存为pptx、ppt或者其他的文件格式）、转换格式（转换为PDF文档或者视频等）、新建文档和打印文档等所有文件操作，如图2-2所示。

单击"文件"选项卡下面的"选项"菜单，即可打开"PowerPoint选项"对话框。在"自定义功能区"中，可以添加默认没有显示的命令，甚至可以自定义建立一个新的菜单，

图2-2 "文件"菜单

比如将PowerPoint 2010默认没有显示但非常有用的命令放到我们自己定义的菜单中。

❶ 打开"PowerPoint选项"对话框,单击"自定义功能区"按钮,在"从下列位置选择命令"中找到"不在功能区中的命令"。

❷ 在对话框的右下部,单击"新建选项卡"按钮,"重命名"新建的选项卡为"图形"。选中'图形'选项卡,单击"新建组"按钮,将新建组重命名为"图形编辑"。

❸ 右对话框左侧,找到"形状剪除"、"形状交点"、"形状组合"和"形状联合"四个命令,并将其"添加"到"图形编辑"组中。用同样的方法,你还可以把其他常用的命令放到这个新建的选项卡里。

整个过程如图2-3所示,最后得到的自定义选项卡如图2-4所示。本书配套资料包中附有图2-4的自定义配置文件,只需在"自定义"功能区中将其导入即可生成图2-4所示的选项卡。

图2-3 "PowerPoint选项"对话框

图2-4 自定义的选项卡

在"开始"选项卡右侧,是其他操作的选项卡,你可以通过"插入"选项卡插入表格、形状、图像、文本、公式和视频等所有可以"插入"的东西;"设计"选项卡则可以设计幻灯片的页面大小、切换主题等;"切换"选项卡分管幻灯片的切换效果;"动画"选项卡负责为PPT添加动画以及进行动画设置;"幻灯片放映"选项卡用于放映幻灯片以及排练等;"视图"选项卡则负责切换演示文稿的视图,还可以进入母版设置菜单,自定义模板。与"开始"选项卡一样,所有选项卡中的命令都是一目了然的。

选中一个对象后，PowerPoint就会出现针对该对象的"工具"选项卡。比如选中一个自定义图形后会出现"绘图工具"选项卡，选中图片出现"图片工具"选项卡，选中图表出现"图表工具"选项卡，选中视频出现"视频工具"选项卡，等等。

在这些菜单每一个命令区的右下角，通常有一个下拉箭头。单击这个下拉箭头就会打开更详细的设置对话框，如图2-5所示。

除包含Ribbon菜单外，PowerPoint 2010中还保留了PowerPoint 2003中的"窗格"对象管理区。找到"开始"选项卡下最右侧的"选择"菜单，单击，在弹出的菜单中即可打开"选择和可见性"对话框，如图2-6所示。单击"动画"选项卡右侧的"动画窗格"按钮，

图2-5 进入详细的设置对话框

图2-6 "选择和可见性"对话框

则可以管理所有动画的排序及设置，如图2-7所示。

另外，对任意对象右击即可看到关于此对象的常用操作命令。在PowerPoint 2010界面上各个区域右击后出现的菜单如图2-8所示。

图2-7 动画窗格

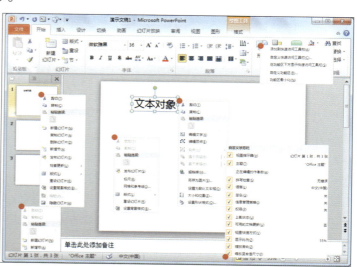
图2-8 PowerPoint 2010界面各个位置的右键菜单

除了使用菜单命令，使用快捷键也是PowerPoint的关键技巧。本书的附录A中列出了PowerPoint 2010中最常用的一些快捷键，熟练地掌握它们会大大提高PPT的制作效率。

最复杂的操作

微信扫码看视频

下面我们通过PowerPoint 2010中最复杂的设置来熟悉其基本操作，你会发现在PowerPoint 2010中，各种操作竟然都这么简单：插入一个柱形图，并改变柱形图中其中一个柱形的格式，该如何做呢？

① 单击"插入"选项卡，在选项卡中选择"图表"，如图2-9所示。

图2-9 "插入"选项卡

② 在弹出的窗口中，可以看到所有的图表都分门别类地列了出来，找到想要的柱形图，选择它，单击"确定"按钮，如图2-10所示。

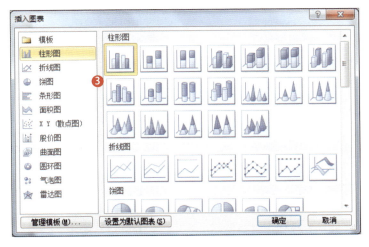

图2-10 插入柱形图

在同时弹出的Excel中，可以编辑数据，关闭Excel窗口，即得到柱形图表，此时图表为PowerPoint默认的样式，如图2-11所示，配色老旧，需要调整。

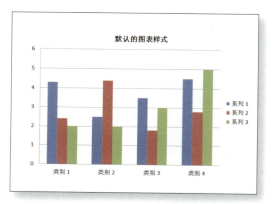

图2-11　PowerPoint 2010默认的图表样式

选中刚刚插入的柱形图，在菜单上出现了一个名为"图表工具"的新选项卡，选项卡分为"设计"、"布局"和"格式"三个子选项卡，如图2-12所示，所有选项尽收眼底。

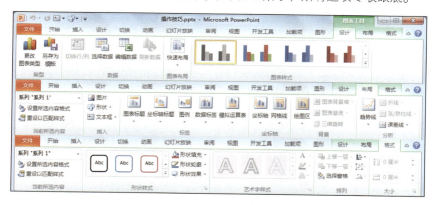

图2-12　"图表工具"的三个子选项卡

如果想改变其中一个柱形的颜色，则选中该柱形，找到"图表工具"选项卡的"格式"子选项卡，在"形状格式"命令区中就可以改变这个柱形的格式了，包括填充颜色、线条颜色、发光及阴影效果。通过"布局"子选项卡中的"图例"按钮可以将图例移动到图表底部，"网格线"按钮可去掉图表中的网格线，如图2-13所示，这样，符合要求的柱形图就完成了。

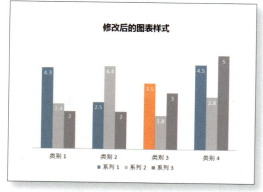

图2-13　修改图表格式

2.2 PowerPoint的五个制图功能

PowerPoint 2010提供了五个制图功能：形状、形状运算、图层、组合以及样式工具，这些工具使用起来相当简单，但你必须多花一些时间练习并精通它们。

形状工具

PowerPoint 2010中内置了很多形状，如图2-14所示。如果想画一个矩形，则只需选中"插入"选项卡"形状"下的"矩形"工具，而后在PPT中拖动一下鼠标就可以了。如果拖动的同时按住Shift键，则会得到一个正方形。同样的，选择椭圆工具后按住Shift键拖动会得到正圆。对于一个已经生成的图形，缩放时按住Shift键还会将其等比例放大或缩小。

通过"绘图工具"菜单中"编辑形状"里的"更改形状"命令，可以将任意一个自定义图形转变为其他形状。

但你知道图2-15中这些不规则的图形是如何制作的吗？

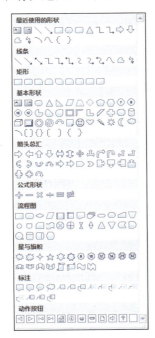

图2-14　PowerPoint 2010中内置的形状

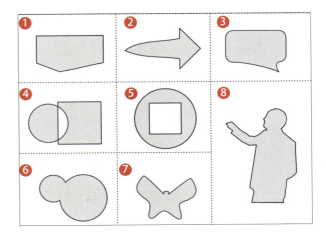

图2-15　不规则形状的绘制

技巧1：简单图形的转换

图2-15中的1、2和3是由PowerPoint 2010中自带的形状经过简单的修改制成的。这里以1为例。

插入矩形后，右击矩形，选择"编辑顶点"，此时矩形边缘出现了四个顶点和红色的轮廓线。顶点可以删减、增加以及随意拖动。顶点选定后，在其两侧会出现两个控制手柄，通过调整控制手柄的长度和方向即可调节交于顶点的两个边的曲率及曲率半径。

在轮廓线上右击，选择"添加顶点"命令，拖动新添加的顶点到合适位置，即可得到所需的形状，如图2-16所示。另外，在顶点编辑的状态下，直接在轮廓线上拖动鼠标也可以新建一个顶点。

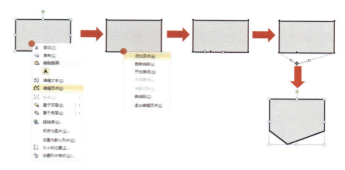

图2-16　简单图形的转换

在右键菜单上还可以看见"抻直弓形"和"曲线段"两个选项。"抻直弓形"可以将顶点旁的两条曲线变成直线，"曲线段"的作用则刚好相反，如图2-17所示。

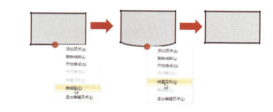

图2-17　曲线段与抻直弓形

顶点分为三种：平滑顶点、直线点和角部顶点。角部顶点的两个控制手柄角度可以任意调节，而平滑顶点和直线点的两个控制手柄则始终在一条直线上，但是直线点的两个控制手柄的长度是可以单独调节的，如图2-18所示。

图2-18　直线点和平滑顶点

"开放路径"选项可以将轮廓线切断，但一条封闭的轮廓线只能开放一次，也就是说，无法将自定义图形的轮廓线分成两段，"关闭路径"则可以将已经开放的轮廓线重新合上，如图2-19所示。

现在你可以尝试自己画出图2-15中的2号形状和3号形状。

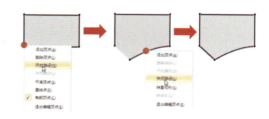

图2-19　开放路径与关闭路径

技巧2：千变万化的任意多边形

微信扫码看视频

在所有形状工具中，任意多边形工具最为有用。无论轮廓线多么复杂的图形，都可以使用任意多边形工具绘制出来。在绝大多数情况下，亲自设计轮廓线对没有受过美术训练的人来说是很困难的，最简单实用的方法是找到一个轮廓满意的图片，然后描红。使用任意多边形工具是PPT中制作复杂的轮廓剪影的重要方法。下面我们通过绘制一个台湾岛的轮廓来熟悉这个工具。

① "插入"要描红的"图片"，将描边部分的图像拉大到足够尺寸。单击"插入"→"形状"，选择"任意多边形"。从图像轮廓上任意一点开始，画出图像的大致轮廓，而后去除任意多边形的形状填充。

② 绘制任意多边形时，如果最后一个顶点和第一个顶点重合，则绘制自动结束。另外，在最后一个顶点处双击，同样可以结束任意多边形的绘制，但这样完成的任意多边形轮廓线是开放的。

③ 为方便后面的微调，将任意多边形填充为无色。使用PowerPoint 2010窗口右下角的页面缩放工具放大页面，仔细调整线条曲线的顶点，使之与图片的轮廓基本切合。最后将调整好的任意多边形填充为想要的颜色。操作过程如图2-20所示。

图2-20 使用任意多边形工具绘制剪影

形状运算工具

微信扫码看视频

PowerPoint 2010提供了四个图形运算工具："形状组合"、"形状联合"、"形状交点"和"形状剪除"。在本章的2.1节，我们已经将这四个工具放到了新建的选项卡中。这四个工具的作用通过其图标就可以了解，如图2-21所示。图形运算工具能够帮助我们利用已有的图形，快速制作出更复杂的图形。例如，图2-15中5号形状的制作方法如图2-22所示。类似的，利用形状组合工具和"形状联合"工具，可以很容易得到图2-15中的4号和6号形状。【注：在PowerPoint 2013中，图形运算工具有三项重要改进：1.图形运算工具已经默认集成到"绘图工具"菜单；2.增加了"形状拆分"工具；3.图形运算工具可以在自定义图形和文字或图片间进行。】

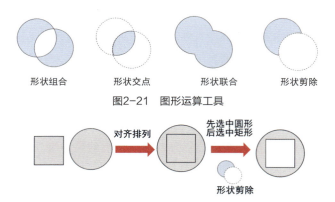

图2-21 图形运算工具

图2-22 图形运算工具使用实例

对象的层次

在PowerPoint 2010中，图形、文本框、图片、图表等每一个对象都单独占用一个图层。最新添加的对象默认处于最顶层，图层在前面的对象可以遮挡到后面的对象。层级功能赋予PowerPoint很高的灵活性，以此可以进行相当精细的绘图，如图2-23所示。但在PPT播放过程中，对象的叠放顺序不可更改，因此限制了一些动画效果的实现。

"选择窗格"是PowerPoint中专门管理对象的工具。在"选择窗格"中，处于顶层的对象在窗格顶部，处于底层的对象在窗格底部。"选择窗格"可以实现对象的选择、命名、隐藏和层次调整这四个功能，这些功能为PPT制图提供了很大的便利。单击"选择窗格"中对象右侧的小眼睛即可将该对象隐藏，隐藏对于从属于一个组合的对象同样有效。通过单击窗格下方的上下箭头即可调整对象的图层顺序。图层的前后顺序也可以通过选中对象，使用右键菜单中"置于顶层"、"置于底层"、"上移一层"和"下移一层"这四个命令进行调整，如图2-24所示。在PowerPoint 2013中，对象的层次还可以在"选择窗格"中通过鼠标拖曳快速调整。

图2-23 使用PowerPoint 2010绘制的iPhone及其组成

图2-24 更改对象的层次

对象的组合

PowerPoint 2010可以将多个对象合并为一组,以批量调整其位置、尺寸和格式。也就是说,如果多个对象被"组合"为一组,那么如果对这个组合进行移动、缩放或者更改格式,那么本组合中所有对象都会发生相应改变。一个组合在进行缩放时,其中各个对象的相对位置不会发生改变,如图2-25所示。选中多个对象后右击就可以"组合"多个对象或将一个"组合"打散,也可以通过组合键Ctrl+G快速进行组合和打散。PowerPoint 2010允许在不打散组合的情况下修改、移动组合中的个别对象。

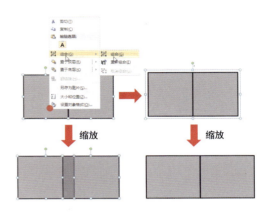

图2-25 组合对象缩放时相对位置不会改变

对象的样式

PowerPoint 2010中对象的样式分为三类:填充样式、轮廓样式和效果样式,包括5种填充样式(纯色填充、渐变填充、图案填充、图片填充以及背景填充),5种轮廓样式(纯色轮廓、渐变色轮廓、轮廓的粗细、轮廓图形以及箭头),和6种效果样式(阴影、映像、发光、柔化边缘、三维格式以及三维旋转),如图2-26所示。【注:PowerPoint 2013中,增加了取色器工具。】

图2-26 填充样式

纯色填充

纯色填充是将对象填充为一种颜色,并可调节填充颜色的透明度。右击"自定义图形",选择"设置形状格式",在弹出的"设置形状格式"的"填充"对话框底部,即可设置透明的纯色填充,如图2-27所示。这种简单的透明填充非常有用。例如,当图片背景比较复杂时,会对置于其上的文字的阅读产生干扰,如果在上面覆盖一个用纯色透明填充的矩形,那么文字看起来就会清晰得多,使用此方法可以快速创建一个简易的模板。

图2-27　透明的纯色填充

渐变填充

PowerPoint 2010中，可以通过"绘图工具"选项卡"形状填充"下"渐变"中的各种预设，一步完成简单的填充。但通常情况下，这些渐变预设无法满足要求，因此我们需要进入"设置形状样式"对话框设置自定义渐变，如图2-28所示。

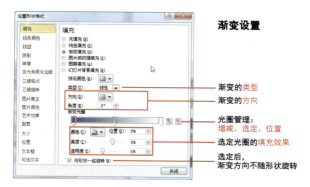

图2-28　设置自定义渐变

在PowerPoint 2010中渐变的设置所见即所得，非常直观，能够快速完成复杂的渐变设置。渐变有四种类型：线性、射线、矩形以及路径，四种渐变间的区别如图2-29所示。

图2-29　四种渐变类型

自然界中很少能看到纯净的单色，而以各种渐变、透明和阴影效果居多。很多时候使用单色不仅会显得枯燥，还会让PPT看起来不太自然。图2-30左图使用纯黑色作为背景，看起来很单调，而且有些晃眼，但如右图使用一个黑色到蓝色或者灰色的渐变作为背景，效果就会非常不同。

图2-30 使用渐变色作为背景

在PPT制作中，以单色亮度渐变、单色透明度渐变和邻近色渐变最为常用。单色亮度渐变是在同样色调和饱和度下，仅调整光圈颜色的亮度所得到的渐变；单色透明度渐变则是在完全相同的颜色下，仅调整光圈颜色的透明度所得到的渐变。两种渐变设置方法类似：首先设置两个渐变光圈，为这两个光圈设置完全相同的两种颜色，而后选择其中一个光圈，调整其亮度或者透明度，如图2-31所示。

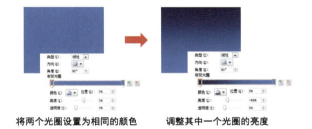

将两个光圈设置为相同的颜色　　调整其中一个光圈的亮度

图2-31 同色亮度渐变

图案填充

PowerPoint 2010内置了48种基本填充图案，如图2-32所示。图案填充丰富了PPT的视觉表现手段，恰当使用能够给PPT增添一些格调。但PowerPoint所提供的图案仍然太少，不能适用于大部分情景。更多图案可以到专门的图案样式网站Subtle Patterns下载（http://subtlepatterns.com/）。下载到的图案样式为png等格式的图片，需要使用图片填充功能将之平铺为纹理。

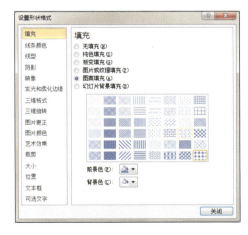

图2-32 内置的48种图案

图片填充

在PowerPoint 2010中，可以使用图片填充任意自定义图形。将图片填充到自定义图形中可以方便地设置图片的形状,将图片平铺为纹理,甚至可以调整图片的透明度。

在没有勾选"将图片平铺为纹理"时,如图2-33所示,填充的图片会自适应自定义图形的尺寸,因而会发生变形,因此常常需要改变图片的偏移量。改变图片的偏移量即改变图片的上下左右四个边与自定义图形上下左右四个边的距离,因而实际上是对图片进行了拉、压或者缩放,如图2-34所示。

图2-33　不平铺的图片填充　　　　　　　　图2-34　调整偏移量

勾选"将图片平铺为纹理"后,图片大小不再自动适应自定义图形的尺寸,因而不会发生变形。将图片平铺为纹理后与平铺之前相比,多了几个平铺选项,包括缩放比例、对齐方式以及镜像类型,如图2-35所示。

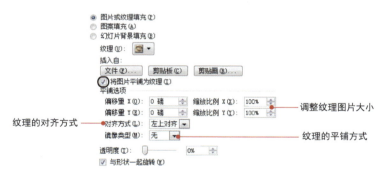

图2-35　图片平铺选项

这些选项虽然有些微不足道,但千万不要忽视它们,关键时刻会用得上的,如图2-36所示。

背景填充

背景填充是将形状所处位置的部分背景的填充效果复制到图形上,这时如果将图形直接置于背景上,则形状获得"隐身"效果,如图2-37所示。因此当形状位置改变时,填充形状的内容也会随之改变，以保持"隐身"。而一旦幻灯片开始播放，则其填充内容将固定下来。因此，使用背景填充可以制作很多奇特的动画效果。

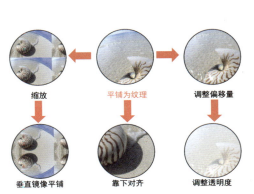

图2-36　图片平铺为纹理的变化　　　　图2-37　幻灯片背景填充效果

线条样式

PcwerPoint 2010可以对线条或者图形轮廓进行多种设置，如图2-38所示。

图2-38　轮廓线的多种线型

在"设置形状格式"的"线型"中，可以对线条的形状进行调整，如图2-39所示。在"设置形状格式"的"线条颜色"中，可以设置线条的透明度和渐变，如图2-40所示。

图2-39　线型的设置

23

图2-40 线条颜色的渐变设置

对象的三维设置

在PowerPoint众多的形状效果中,"三维格式"(图2-41)与"三维旋转"(图2-42)设置功能非常强大,选定对象,右击,进入其格式设置对话框,即可对这两种设置的各个参数进行调整。

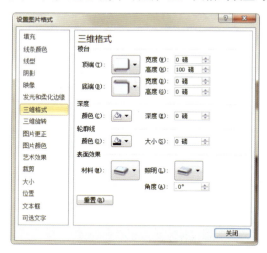

图2-41 "三维格式"设置窗口

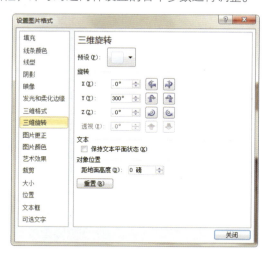

图2-42 "三维旋转"设置窗口

"三维格式"设置可由自定义形状快速生成立体图形,"三维旋转"则可控制图形在XYZ三个维度上进行旋转。做出如图2-43所示的各种效果有利于快速熟悉和理解"三维格式"和"三维旋转"中的众多参数。

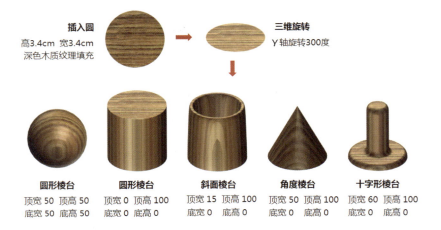

图2-43 利用"三维格式"和"三维旋转"制作立体图形

实际上，除自定义图形外，PowerPoint还支持对其他所有对象（文字、图片、表格）的三维设置，如图2-44所示。

图2-44 其他对象的三维效果

辅助制图工具

除了上述基本制图功能，PowerPoint还提供了对齐、网格和绘图参考线三种辅助制图工具。

对齐工具

对齐工具可以帮助你快速实现多个对象精确对齐，如图2-45所示，这些命令隐藏得较深，可以在"开始"选项卡右侧"排列"按钮的下拉菜单中找到。由于这些对齐命令在制图时非常常用，因此应当将它们放到更容易找到的位置，如图2-46所示。

网格线和绘图参考线

"网格线和参考线"对话框可以通过在工作区的空白处右击弹出，如图2-47所示。网格线可以作为绘图时尺寸的参照，网格的大小可以调整。当选择"对象与网格对齐"或者"对象与其他对象对齐"时，各个对象边框的对齐会更容易一些，不过这个选项会影响对象的微调，使绘图有所不便。

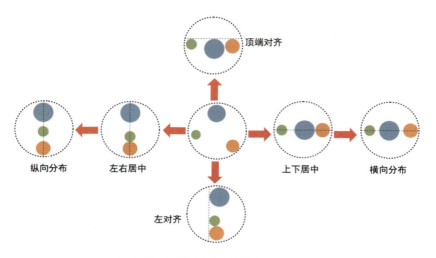

图2-45 使用对齐命令快速完成各种对齐

图2-46 PowerPoint 2010中的对齐命令

图2-47 "网格线和参考线"对话框

这时可以取消"对象与网格对齐",或者使用Ctrl键和上下左右四个方向键来对对象进行位置的微调。如果对位置的精度要求很高,那么可以通过"设置形状格式"对话框中的"位置"命令精确调节,如图2-48所示。

使用绘图参考线可以帮助我们更好地安排多个对象,做出排版网格。在参考线附近,对象的边框会自动与参考线对齐。参考线是可以拖动改变位置的,拖动时按住Ctrl键会生成一条新的参考线,将参考线拖出工作区则该参考线会被删除。

由多条参考线构成的网格能够大大规范我们的排版,不过当需要我们对页面进行等分时,还需要"标尺"对参考线的位置精确定位,在空白处右击即可调出"标尺",如图2-49所示。

"形状对齐时显示智能向导"能够帮助我们准确地完成多个对象的对齐,当拖动的对象边缘与其他对象对齐时,会自动产生对齐参考线。

图2-48 "设置形状格式"对话框　　　　图2-49 标尺及多条参考线

2.3 PPT的三大制图技巧

尽管PowerPoint 2010自带的三维设置和三维旋转功能已经可以做出一些很逼真的三维效果,但由于PowerPoint中对象的图层设计、有限的棱台及材质种类,大大限制了三维工具制图的灵活性,因此常需要利用渐变填充、多对象的叠加等方法进行伪立体制图(这种制图方法本质上是对三维效果的模拟,并非真正的立体化,因而这里称之为"伪立体制图")以弥补其不足。进行伪立体制图时我们需要掌握三大制图技巧:渲染、透视与剖面。

渲染

图形的渲染就是通过渐变填充、添加图层等手段使图形实现与现实世界中的事物近似的光影效果。对图形进行渲染一方面能够显著增强图形立体效果,大大增强其视觉比重;另一方面,合理的图形渲染能够让PPT更加美观。在PPT中使用最多的渲染效果有三种:反光与阴影、高光和通透。

1. 反光与阴影

反光与阴影效果是图形渲染的基础,模仿的是光线照射到非镜面物体时的明暗变化。其基本原理如图2-50所示,当光线倾斜射向平整的表面时,靠近光源的一侧亮度较高,远离光源的一侧亮度较低;当光线倾斜射向凸起的表面时,情况与平整的表面类似,但其靠近光源的一侧亮度要更高,远离光源的一侧亮度则更低;而当光线倾斜射向凹陷的曲面时,曲面上靠近光源的一侧亮度较低,远离光源的一侧则亮度较高。一些三维物体的反光与阴影效果如图2-51所示,对于三维物体,在背光侧添加阴影会显著加强三维效果。

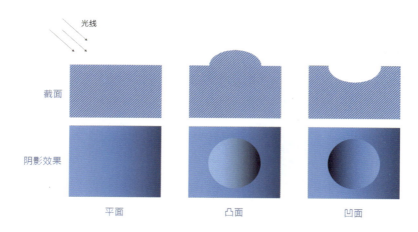

图2-50 不同表面的反光与阴影效果

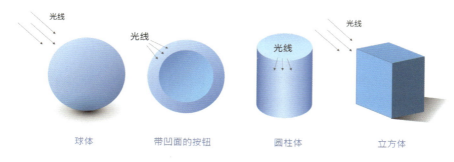

图2-51 不同三维物体的反光与阴影效果

反光与阴影效果可以简单地通过一组同色明暗渐变实现，设置方法在本章2.2.2小节已有介绍，不再赘述。这种渲染效果在PPT中随处可见，如图2-52所示。

图2-52 同色明暗渐变示例

反光与阴影效果立体感还可以通过叠加图层进一步加强。反光效果的加强可以在单一渐变图形基础上，添加一个或多个具有透明度0~100%的白色渐变填充图形加强反光效果，根据图形形状的不同，新添加的图形通常采用以下两种形式：一是透明度0~100%的白色路径渐变填充的圆形，二是透明度0~100%的白色线性渐变填充的矩形（或圆角矩形），如图2-53所示。而对于三维物体，在背光处添加透明度0~100%的黑色渐变填充图形可以显著加强其阴影效果，如图2-54所示。一个同时加强反光与阴影效果的例子如图2-55所示。

图2-53　反光效果的关键渐变

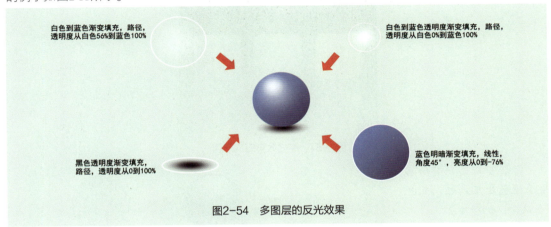

图2-54　多图层的反光效果

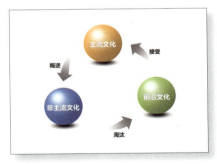

图2-55　反光效果PPT示例

2. 高光

高光渲染是模仿光线照射到具有镜面的物体（如水滴和玻璃）上时，由于全反射所造成的强烈反光。使用高光能够让色块显得晶莹剔透，具有玻璃的质感。一般说来，在一个普通的色块上添加一个白色透明的渐变或者无渐变图层就可以了（如图2-56和图2-57所示）。渐变图层透明度一般从0~10%渐变至80%~90%，但一定不要渐变到100%透明度，否则会变成普通的反光或者渐变效果。

图2-56　高光效果的制作

图2-57　高光效果PPT示例

将渐变与高光结合起来质感会更加强烈，如图2-58和图2-59所示。

在底层和高光层中间添加若干其他渐变层可使立体效果进一步提升，如图2-60所示。

甚至连图片都可以用高光修饰，如图2-61所示。

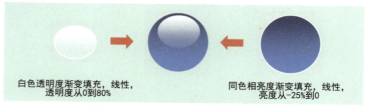

图2-58　两种结合渐变的高光效果（1）

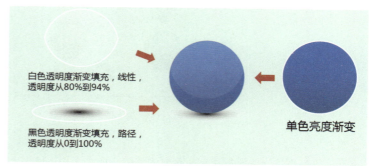

图2-59　两种结合渐变的高光效果（2）

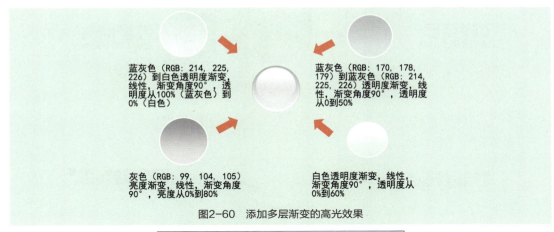

图2-60 添加多层渐变的高光效果

图2-61 图片的高光效果

3. 通透

通透渲染是用来模仿光线穿过透明物体时产生的视觉效果。盛有红葡萄酒的高脚杯给人的感觉就是"通透"的。在PPT中，这种效果可以通过同色相亮度线性渐变（暗-亮-暗，矩形）或者亮度路径/射线渐变（亮-暗，圆形）简单实现，如图2-62和图2-63所示。

图2-62 通透效果的线性关键渐变

图2-63 通透效果的矩形

在制作通透效果的球体时常常结合上述两种渐变形式,如图2-64所示。

通透效果PPT示例如图2-65所示。

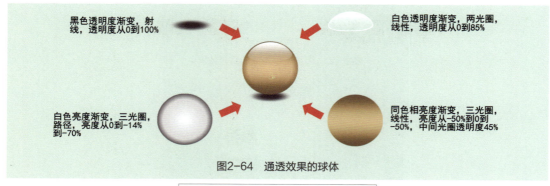

图2-64 通透效果的球体

图2-65 通透效果PPT示例

透视

透视是用于模仿三维物体在观察者眼中的图像。例如,当我们从旁边观察一张矩形的纸时,其在我们视网膜上的成像实际更接近平行四边形或者矩形。在美术绘画中,透视效果有三种:一点透视、二点透视和三点透视,三种透视的区别如图2-66所示。但在PPT中严格按照这三种透视进行制图既不方便,也无必要。实际上,在通过透视的方法获得立体感时,我们只需要做到两点。一是通过调节不同对象的尺寸以区别远近,如图2-67所示。当一个物体看起来越小时,则我们认为它离我们越远;若看起来越大,则认为离我们越近。二是通过形状的改变获得立体感,如图2-68所示。当视线倾斜观察形状时,矩形看起来可能是梯形或平行四边形,正圆看起来更像椭圆，等等。

图2-66　三种透视

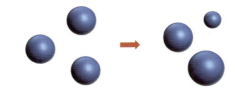

图2-67　大小变化带来距离感

图2-68　形状改变带来立体感

剖面

剖面是指物体被切断后呈现出的表面，了解剖面能够帮助我们绘制更多立体图形。在PPT制图中，只需了解以下几种剖面就可以应对大多数场合：球体的剖面是正圆，圆柱体的横剖面是正圆或椭圆、纵剖面为矩形，立方体切掉一个角、两个角、四个角，得到的剖面分别是三角形、梯形和矩形。但需要注意的是，从不同角

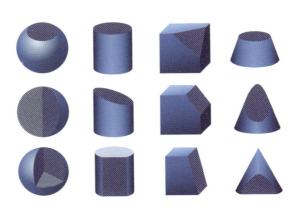

图2-69　常用的立体形状的剖面

度观察，这些剖面会按照透视原理发生变形，如图2-69所示。

反复利用上述三个技巧，就足够在PowerPoint中绘制比较精致的图形了。知道图2-70所示的三个图形是如何绘制的吗？请仔细思考，并花些时间亲手制作出来。当你能够独立完成这些图形绘制时，就算是掌握PowerPoint的制图技巧了。

图2-70　PPT制图实例（1）

微信扫码看视频

很多看起来非常复杂的图形，都可以通过上述基本图形制作出来，只不过要花一些时间进行复制、排列和组合而已，如图2-71所示。

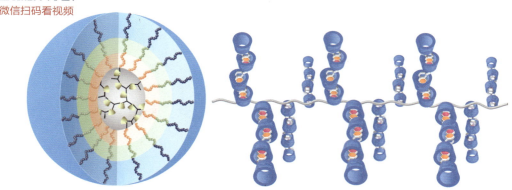

图2-71　PPT制图实例（2）

2.4　PPT图示制作基础

你应当远离网上下载的图示（你以前可能叫它"模板"），因为那些图示非但颜色花哨难登大雅，而且对于序号等次要元素美化过多，很难将真正重要的内容填进去，极不合理。如果你已经对上述章节所教授的技巧了然于胸，那么对于使用PPT制作真正合适、合理的，并属于自己的图示，你一定会有"杀鸡焉用牛刀"的感觉。

种类繁多的PPT图示实际上是由简单的图形组合而来，且最为常用的只有以下几种：圆形或球体、（圆角）矩形或立方体、三角形或棱锥体、梯形或棱台体、圆柱体以及箭头。

箭头的绘制

按照图形维度,箭头可分为线形箭头、平面箭头和立体箭头三种。

1. 线形箭头

PPT中任何路径开放的线条都可以更改线端成为线形箭头。在"设置形状格式"对话框的"线型"中,可以对线形箭头进行详细的设置,比如宽度、线型、箭头类型等。

直线箭头直接通过直线转换,曲线箭头推荐使用"任意多边形"工具进行绘制,其使用方法是:首先使用任意多边形工具绘制一条折线以确定箭头走势,绘制以双击结束。而后编辑折线的顶点使曲线平滑,例如将"角部顶点"转变为"平滑顶点"或者"直线点"。最后为曲线末端添加箭头即可,操作过程如图2-72所示。

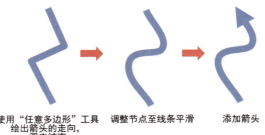

图2-72 线型箭头的绘制

2. 平面箭头

相比线型箭头,平面箭头种类更加繁多,使用也更为广泛。PowerPoint中内置了很多基本箭头形状,如图2-73所示,虽不够用,却可以通过编辑形状顶点来获得更多箭头样式。

首先使用"箭头"工具绘制一个基本箭头,然后编辑箭头顶点,最后调节顶点至形状平滑,如图2-74所示。

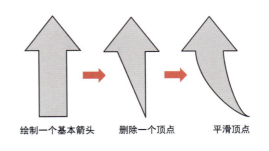

图2-73 PowerPoint内置的箭头形状　　　图2-74 平面箭头的绘制

要想把箭头做得平滑、自然、美观,需要注意三个特殊的角。

① 连接箭头头部与尾部的两个顶点,各自的两个控制手柄要成直角。这样箭头头部看起来才是"正"的,如图2-75所示。

❷ 当箭头尾部顶点的两个控制手柄成0°角时，箭头的宽度看起来则像是从0渐变的。

❸ 为了让形状轮廓线在某顶点时平滑地改变方向，此顶点的控制手柄需成180°角。

3. 立体箭头

立体箭头通常是由平面箭头组合起来的，这需要一点空间想象力。一般首先要在纸上画出草图，确定组成箭头的各个部件的形状，然后在PowerPoint中绘制这些部件，如图2-76所示，最后将这些部件组装起来，添加渐变，如图2-77所示。

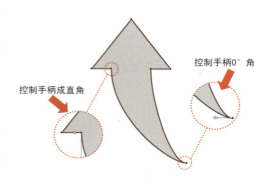

图2-75　箭头的绘制要点

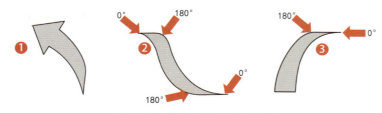

图2-76　绘制立体箭头的各个部件

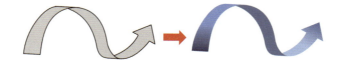

图2-77　添加渐变做出立体感

而实际上，在PPT制作过程中，并不必拘泥于箭头的形式，凡是能够指引方向的图形都可以看作箭头，如图2-78所示。

图2-78　可用于指示方向的形状

图示的制作

图示，就是用图形的排列组合表示逻辑关系。如图2-79所示，仅仅以圆形为主体，通过调整尺寸、颜色和位置，再辅以箭头和线条，就可以得到无数种逻辑关系。仅添加文字后，这些图形就可以直接作为图示用到你的PPT中。

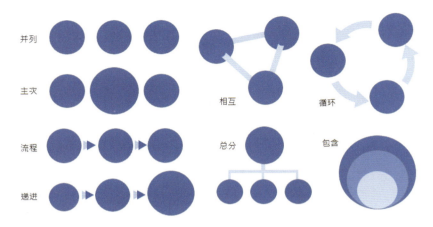

图2-79　使用圆形制作的图表

在基本的逻辑图示基础上，通过渲染手段对图示中的图形进行反光、阴影、高光、通透等渲染，就可以得到立体化的图表，形成你自己的独有风格。使用高光渲染得到的图示如图2-80所示。

图2-80　渲染后的图示

第3章
字体气质

　　从本章开始，我们将系统学习PPT的设计理论和方法。这些知识并不艰深复杂，反而很浅显易懂。之所以没有使用过这些设计理论和方法，通常是因为你并不知道它们的存在。

　　譬如字体，之所以一直在使用宋体和黑体，是因为你根本没有考虑过是否有更好的字体可以选择。文字是PPT中最重要的元素，我们的PPT设计之路就从文字开始。

3.1 文字的缺点及优点

文字的缺点

文字是抽象的符号，它没有图画那么直接生动，没有声音那么心旷神怡，阅读文字需要动用人脑高级的语言中枢，太伤脑筋，以至于很多人连140个字的微博都没耐心读完。

文字的意义隐藏在字里行间，理解一段文字就必须逐字逐句地阅读，这种线性的信息输入方式效率很低，容错性很差。如图3-1所示，通过阅读文字在大脑中建立信息的整体框架需要较高的思维能力，而你不能拿观众的耐心冒险。

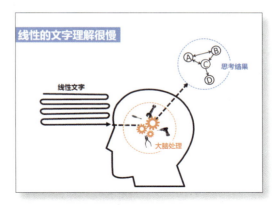

图3-1　文字的线性信息传递

文字的优点

文字是人类最通用的交流工具，文字传达信息时具有唯一性。对于图片，不同的人会做出不同的解读，而对于一段正确的文字，大家做出的解读却不会偏离太多。因此在PPT中，文字的使用在于提纲挈领，传达内容的中心与关键。

PPT中文字的使用要扬长避短。一方面要言简意赅地向观众明确演示者的观点，另一方面要注意解决两个问题：1.通过美观的字体和排版让文字更有美感，增强其亲和力；2.避免长篇大论，将文字所要传达的信息图表化，可加快观众对PPT内容的理解，如图3-2所示。

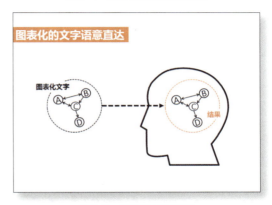

图3-2　图表信息的传递

3.2 文字的三要素

文字本身即是设计元素，仅仅通过文字的排版就可以完成惊艳的视觉效果，如图3-3所示。

要完成漂亮的文字排版，首先需要了解文字的三个要素：字体、字号以及格式。

图3-3　文字排版实例

字体

字体指的是文字的风格样式，比如楷体、行书、宋体、雅黑等。字体的分类方式见附录B。如果把文字比作人，那么字体就是人的五官，有的看起来俏皮可爱，有的苍劲挥洒，不同的字体给人的感觉差别极大，如图3-4和图3-5所示。

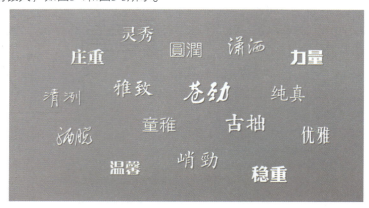

图3-4 字体的气质（中文）

图3-4从左到右，从上到下依次为，第一行：方正粗宋简体、方正清刻本悦宋简体、华康细圆繁体、方正黄草简体、蒙纳简超刚黑；第二行：方正静蕾简体、方正苏新诗柳楷简体、叶根友毛笔行书简体、方正宋刻本秀楷简体；第三行：叶根友疾风草书、方正稚艺简体、康熙字典体、方正姚体；第四行：方正粗倩简体、欧体楷书线体、华康俪金黑W8。

图3-5 字体的气质（英文）

图3-5从上到下，从左到右依次为，第一列：Helvetica Neue Thin、Garamond、Impact、Optima、Segoe Script；第二列：Chill、Clarendon、Trajan Pro、Didot、Arial；第三列：Comic Sans、MyriadSetPro Thin、Diavlo Medium、Century Gothic、Vladimir Script。

如何安装新字体

PowerPoint中已经提供了很多字体,但更多优秀的字体需要我们自己安装。在Windows 7中,安装一种字体有三种方法,一是右击字体文件(ttf或者otf格式),单击"安装"命令。

二是双击打开字体文件,然后单击"安装"按钮,如图3-6所示。

三是将字体文件复制到"C:/Windows/Fonts"文件夹。在此文件夹的工具栏中,还可以选择删除或者隐藏一些字体,如图3-7所示。

图3-6　字体打开后的窗口

如何保持自定义字体效果

如果你在PPT中使用了自己安装的字体,则一旦播放PPT的电脑没有安装你所使用的字体,那么你设置的字体就会显示为该电脑的默认字体。为了避免这类情况,可以采用两种办法。

1. 将文字嵌入到PPT中

在PowerPoint 2010中需要进行如下操作:单击"文件"菜单的"选项"按钮,打开"PowerPoint选项"窗口,在"保存"一组中,选中"将字体嵌入文件",如图3-8所示。

图3-7　系统字体文件夹

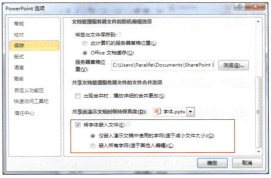

图3-8　"PowerPoint选项"窗口

这时可以根据需要选择"仅嵌入演示文稿中使用的字符"或者"嵌入所有字符",选择前者则无法继续使用这些字体编辑新的文字,选择后者则可以在没有安装该字体的机器上继续编辑、使用这些字体的文字。嵌入字体后,每次保存PPT的更改,所花费的时间会更长,这种情况在你选择"嵌入所有字符"时尤为严重,因此建议在PPT全部完成之后,再嵌入字体。另外,很多版权字体无法通过此种方法嵌入到PPT中,这时可采用第二种方法。

2. 将文字保存为图片

选中文本框,右击,单击"另存为图片"命令,在弹出的窗口中,将文件格式选择为png,而后用png替换原来的文本框。或者复制文本框后，同时按下组合键Ctrl+Alt+V，将文本框选择性粘贴为png格式。但转换为图片后，该字体打印质量会大大降低。

在PowerPoint 2013中，除上述两种方法外，还可以通过文本框与自定义图形的形状运算将文字保存为自定义图形。

字体的版权

和书籍、软件、照片一样，字体是开发人员智慧与劳动的结晶，受到著作权保护。因此使用字体时必须注意字体的版权问题。西文字体有免费字体，但中文字体极少免费，即便在下载字体时未看到版权声明，也不意味着其下载及使用是合法的。不同公司对于字体版权的授权细节有所不同。如果对字体的授权使用范围不清楚，那么可以搜索找到原作者或字体公司查看具体授权明细，或联系作者询问授权细节。

一般而言，对于个人或单位在其内部使用的终端设备上安装字体，并用作屏幕显示或临时打印输出时，字体开发商不会追究；而以直接或间接赢利为目的，将字体作为设计要素应用到商标标示、产品包装、海报、广告或企业网站等商业推广中时，则应当与字体开发商联系、咨询，取得书面授权。

字号

字号就是文字的大小。增大文字的字号可以加强观众对文字的注意力，页面中最重要的信息，通常其字号是最大的，如图3-9所示。另外字号的变化可带来韵律感，使单调的页面显得错落有致、更具美感，如图3-10所示。

图3-9　大字号起到强调作用

图3-10　字号的变化带来韵律感

需要注意的是，当页面中内容较多时，必须以保证格式整齐为重点，严格限制字号的选择。过多的字号变化会使页面的层次显得混乱，从而干扰阅读。

字号多大合适？

设置字号时，要以保证观众或者读者能够看清楚PPT上的最小的字为基本要求。对于演示类PPT，字号应根据字体、投影幕布尺寸、会议厅的面积、上座率和观众的视力决定。如有条件，最好提前到会议厅演练以确定字号大小。一般说来，在普通视图将页面缩放至60%后，在显示器对角线长度的距离外能够看清楚，那么问题就不会很大。如果已经知道会议厅面积和投影幕布尺寸，则字号可使用下式估算：

$$字号_{幕} \geq \frac{会议厅长}{投影幕布尺寸} \times \frac{显示器尺寸}{观察距离} \times \frac{显示器的屏幕系数}{投影幕布的屏幕系数} \times 字号_{显}$$

其中，字号$_{幕}$为可以采用的最小字号，显示器尺寸为你的电脑显示器尺寸，观察距离为你在播放PPT时与屏幕的距离，字号$_{显}$为在观察距离下播放PPT时你所能看清的最小字号，屏幕系数大小与屏幕比例有关，不同比例屏幕的屏幕系数如表3-1所示。

表3-1　屏幕比例与屏幕系数

屏幕比例	4∶3	16∶10	16∶9
屏幕系数	1	0.88	0.79

例如，你的电脑显示器为16∶9，14英寸，播放PPT的会议厅长度为8米，使用120英寸4∶3的投影幕布。则你离电脑显示器0.5米处播放PPT时所看到的14号文字的大小，与观众在会议厅最后一排观看以下字号时等同：

$$\frac{8}{120} \times \frac{14}{0.5} \times \frac{0.79}{1} \times 14 = 20$$

也就是说，会议厅最末排观众看到的20号字，等同于你眼中电脑屏幕上的14号字。

而对于用来打印的PPT，倘若每页PPT打印到一张A4纸上，则字号在10号以上就不会影响阅读。

但另一方面，随着字号增大，PPT的页面会变得更加拥挤，排版难度也会随之变大，因而PPT中的字号并不是越大越好，在保证能看清楚的前提下，以选择较小的字号为优。

格式

PowerPoint支持种类繁多的文字格式设置，包括文字的字体设置、段落设置、填充设置、轮廓设置和六类艺术效果。PPT灵活的格式设置使文字在排版时具有很高的自由度。PPT中文字的填充样式和轮廓的设置与自定义图形如出一辙，如图3-11所示，不再赘述。本小节我们重点讲解字体设置和使用频率较高的几种文字效果。

图3-11　文字的填充及轮廓线格式

在"开始"选项卡的"字体"命令区中，可以对文字的字体进行多项调整，包括加粗、倾斜、添加下画线、添加删除线和调整字符间距等，如图3-12所示。注意，在软件中使用字体的加粗和倾斜与使用字体的粗体和斜体是两个概念。尽管对于一些字体，如微软雅黑，使用加粗时会直接调用其粗体字体，但大部分情况下，加粗得到的是软件计算出的结果，其效果与使用字体原生的黑体字相差甚远。因此为了达到最佳视觉效果，应该尽可能使用字体原生的黑体来代替使用字体的加粗。字体倾斜与斜体字体的关系同理。

与Word一样，PPT可以对文本段落的行距、段落间距、对齐方式、文字方向等进行调整。在"开始"选项卡的"段落"命令区中，如图3-13所示，可以对这些参数进行详细的设置。请动手试一试这里的每一个按钮，了解这些按钮的作用。微软的工程师将这么宝贵的位置留给了这些按钮，其重要性不言而喻。

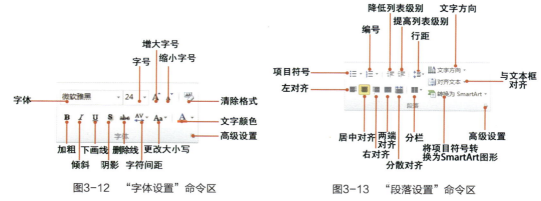

图3-12　"字体设置"命令区　　　　图3-13　"段落设置"命令区

PowerPoint 2010中有很强大的艺术字体效果工具，如图3-14所示。这些效果的使用不仅丰富了文字排版的手段，而且大大增强了文字的表现力。

图3-14　PowerPoint 2010的艺术字效果

阴影

选中文本框，在弹出的"绘图工具"菜单中，单击"艺术字样式"命令组右下角的小箭头，打开"设置文本效果格式"窗口，即可找到阴影设置选项。在PowerPoint 2010中，可对阴影的颜色、透明度、大小等参数进行细致的调节，如图3-15所示。值得注意的是，当文本框无填充颜色时，文本框的阴影设置也会作用在其文本中，加强原有的阴影效果。

一般来说，浅色的文字适宜添加深色阴影，深色的文字则适宜添加浅色阴影。添加阴影后，

图3-15　"设置文本效果格式"对话框

文字更容易从其背景中凸显出来，可读性增强，如图3-16所示。

映像

PowerPoint亦可以对映像的透明度、大小、模糊、距离参数进行细微的调整。为文字使用映像效果主要起到装饰的作用，衬托其背景的材质感，如图3-17所示。

发光

发光效果也可以让文字从背景中凸显出来，而与阴影效果相比，其凸显效果更加强烈，非常适合用于背景颜色杂驳的情况，如图3-18所示。

三维效果

PPT可以对文字进行三维格式和三维旋转设置。添加三维效果后，文字会获得媲美图片的视觉效果，如图3-19所示，因此是强调关键数字和关键词的极佳选择。

转换

使用转换效果能够让文字发生多种样式的变形，如图3-20所示。转换设置没有高级设置选项。

3.3 字体的选择

那么，字体应该怎么选？

按照使用用途，PPT中的字体可分为三类：标题字体、正文字体和装饰字体。标题字体用作小标题或关键词，应该醒目、美观，气质与

图3-16 文字的阴影效果

图3-17 文字的映像效果

图3-18 文字的发光效果

图3-19 文字的三维效果

图3-20 文字的转换效果

PPT相符；正文字体用于显示大量文字，因此必须以易读性为首要要求，兼顾美观；装饰字体仅适于应用到字数很少的文本，起到画龙点睛的作用，如警句格言、图文混搭等，须以与PPT的气质相容为佳。

正文字体

正文字体以易读为第一要求。易读意味着字体需要具有标准、易于辨认的外形以及清晰、锐利的显示效果。手写体字体如行书、草书等由于字形各异，不易识别，因而不适合用于正文。而由于正文的字号一般比较小，而字重太大的文字如隶书、粗宋、粗黑等一方面在字号太小时笔画之间变得不易分辨，另一方面厚重的笔画会让页面产生拥挤感和压迫感，因此也不能选择。因此，PPT中最适宜用作正文的中文字体为笔画纤细的宋体、黑体、圆体和楷体四类字体。

宋体

宋体产生于宋代，完善、流行于明代，因此在日本等地区又被称为明朝体。宋体最初是顺应活版印刷的木板纹理，在楷体的基础上产生的。宋体是为书籍印刷而诞生的，时至今日，已经成为最为流行的印刷字体。宋体历史悠久、使用广泛，因而作为正文字体时，常常用在保守的、正式的或具有古典韵味的PPT中。由于Windows自带的宋体（全称为中易宋体）在某些较大的字号时，笔画中的横笔会明显变虚，使其显示效果很不锐利，因此不适合在演示类PPT中使用。但考虑到其普及程度，对于打印类PPT，中易宋体仍为最优选择。另外，中易宋体的英文很不漂亮，无论在哪种情况下使用，都应将其英文部分替换为更美观的英文字体。而对于演示类PPT，字重恰当、显示效果锐利的方正新书宋比中易宋体显示效果更好，两种字体的显示效果对比如图3-21所示。

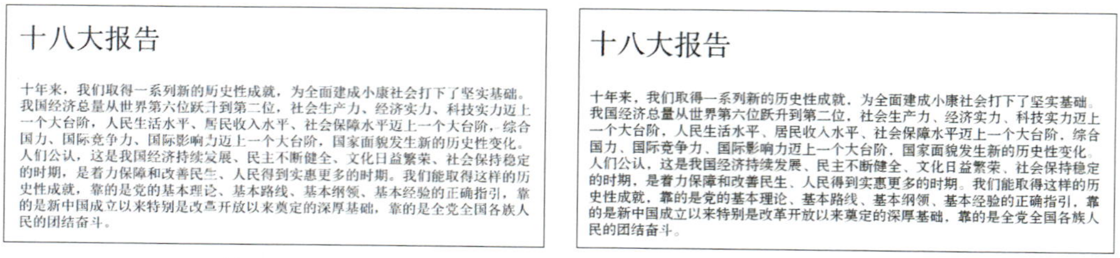

中易宋体　　　　　　　　　　　方正新书宋

图3-21　中易宋体和方正新书宋显示效果对比

黑体

汉字的黑体是在现代印刷术传入东方后，在宋体基础上根据西文无衬线体所创造的。随着计算机的普及，黑体早已成为一种被广泛接受的字体。随着一些优秀的黑体字体的诞生，黑体已经开始取代宋体应用于各种印刷品中，因此在各类PPT中使用黑体都是保险的选择。由于其平实、简洁的字形特点，在具有现代与简约气质的PPT中使用黑体要比宋体更为适宜。在众多黑体类字体中，微软雅黑是为数不多的专为屏幕显示优化的字体，极受PPT制作者青睐。在正文字体较小时，使用微软雅黑效果尚可，但由于其很小的字符间距、较大的字面和较大的字重，在较大的字号下使用容易产生明显的压迫感。因此微软雅黑实际上更适合用于标题和小标题，而显示较大字号的正文时，除了需要适当增加正文行距、文字间距或调亮颜色（如使用灰色而不是黑色），还可考虑使用笔画更细的"微软雅黑Light"，两种字体的显示效果对比如图3-22所示。但微软雅黑系列字体过分妥协于屏幕显示，其标点（如逗号）的设计也不太规范，因此对于打印文档类PPT，如有条件，使用其兄弟字体——方正兰亭刊黑更为适合。

【注："微软雅黑"是基于"方正兰亭黑系列字体"中2个字重，针对屏幕和cleartype做了优化的字体。微软公司在开发Vista时，为了改善屏幕字体的视觉效果，选中了"方正兰亭黑系列字体"中的两款。方正公司通过协议的形式授权微软公司使用这两款字体。微软公司将此两款字体命名为"微软雅黑"和"微软雅黑Bold"。】

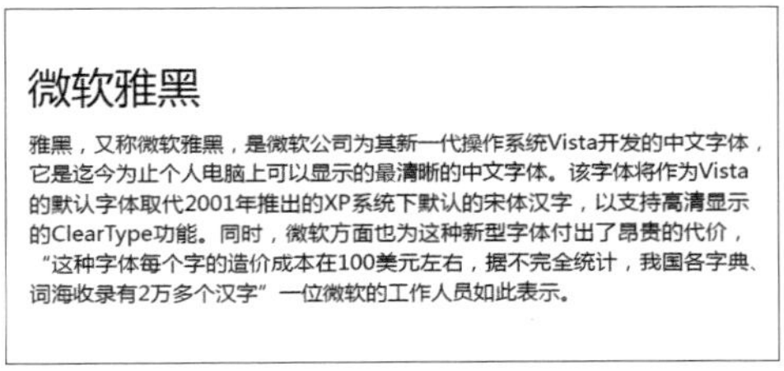

微软雅黑 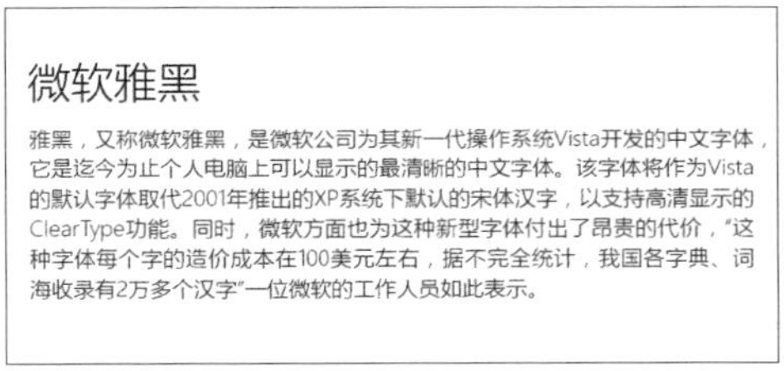　　　　　　　　　　　　　　　　微软雅黑 Light

图3-22　微软雅黑与微软雅黑Light显示效果对比

微软雅黑的另一个问题，是字形规整、呆板、拥挤稍过而显得灵气不足，与之相比，中易黑体（Windows自带的"黑体"）和冬青黑体则更文艺一些。中易黑体的优点在于安装广泛，一般不存在字体兼容的问题，缺点是其丑陋的英文、字重较大、笔画喇叭口的虚化及小字号时笔画粗细不一，所以在正文中使用中易黑体常常是出于无奈；冬青黑体是Mac OS X和iOS的内置字体，在Windows系统中需要用户自己安装，其恰当的字重和简洁、协调、大方的字体造型使其显示效果比黑体更干净、漂亮，但在小字号和较低的分辨率下容易发虚模糊，需要注意。两种字体的显示效果如图3-23所示。

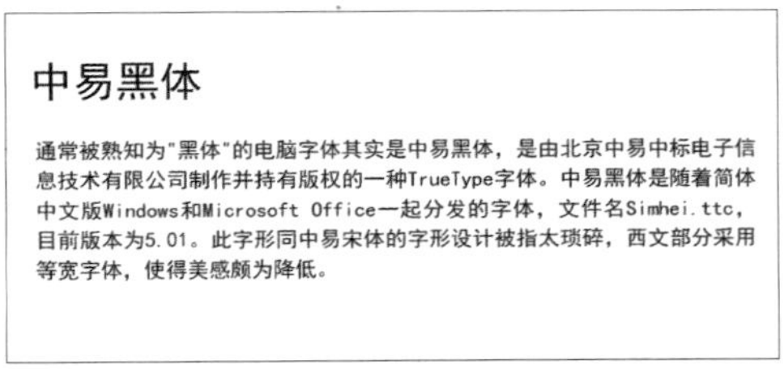

中易黑体 　　　　　　　　　　　　　　　　冬青黑体

图3-23　中易黑体与冬青黑体显示效果对比

圆体

圆体是黑体的变体，其与黑体的不同在于笔画的末端与转角呈圆弧状，更显柔和与婉转，因此比黑体更适于搭配亲和、可爱、柔美的PPT。MS Office自带的幼圆笔画纤细，显示大量文字时显得干净、清晰，适合用作正文字体；但幼圆的西文部分非但不漂亮，而且其衬线体字形与中文部分无法和谐搭配，因此应该替换为气质、字重相近的非衬线英文字体（如Colaborate-Thin），如图3-24所示。

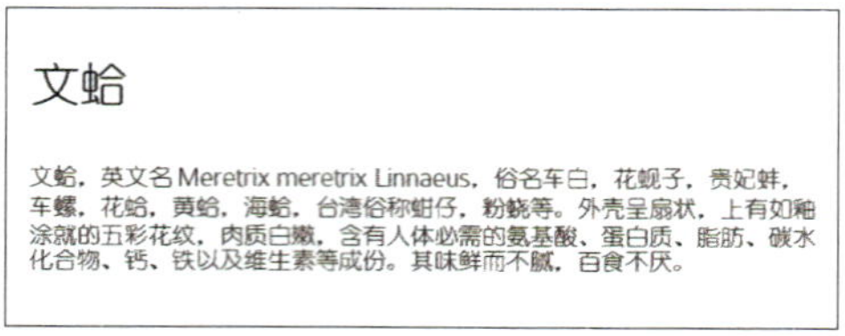

图3-24 幼圆与Colaborate-Thin搭配效果

楷体

楷体类字体是根据楷书开发而来的，保留了楷书的手写风格。如果说宋体是经典的，黑体是现代的，那么楷书则是传统的、守旧的。因此除了语文教学，楷体还可用于餐饮、服装等传统行业的PPT中或者衬托PPT的古朴韵味。不同楷体字体风格迥异，如Windows自带的中易楷体朴实端正，方正宋刻本秀楷清秀灵动，而方正苏新诗柳楷则给人劲健之感，所能搭配的PPT风格亦各不相同，如图3-25所示。

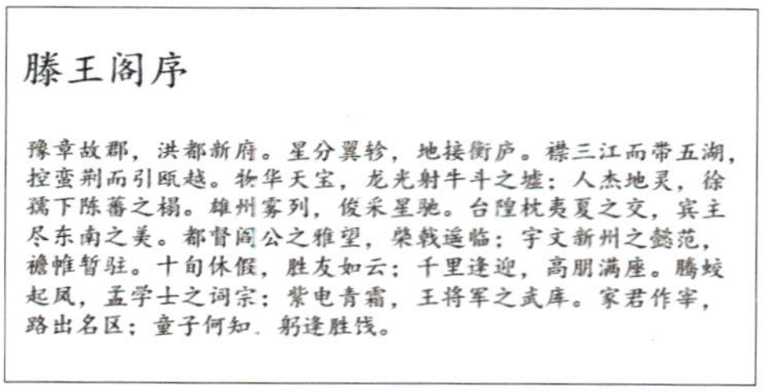

中易楷体 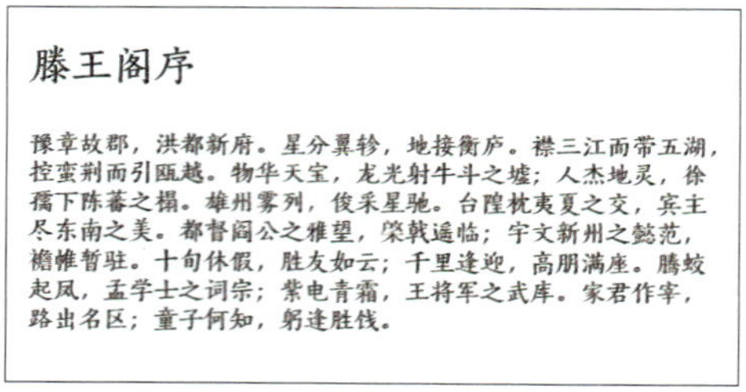　　　　　　　　　　方正宋刻本秀楷

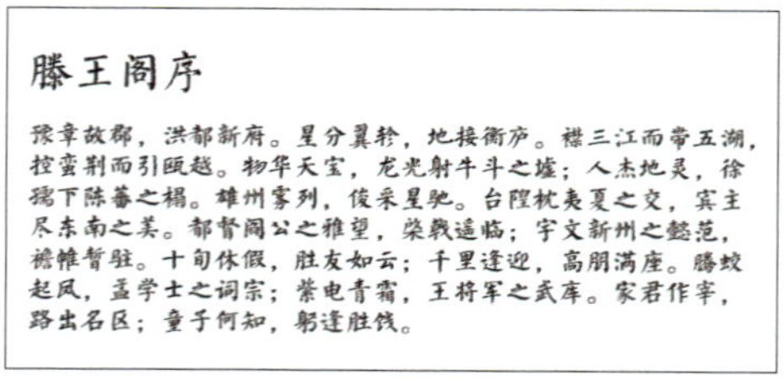

方正苏新诗柳楷

图3-25 三种楷体显示效果对比

对于英文字体，其作为正文时与中文字体的选择标准一致，同样为字形标准、字重恰当、显示

清晰、气质匹配。由于字符简单，因而用于正文时，英文字体可以容忍的字重更大。其中，旧体衬线体（如Garamond）与过渡衬线体（如Times New Roman）的字形、气质都与宋体契合，使用场合亦大致相同。对于纯英文文本，Georgia很值得推荐，其x高度和字重较Times New Roman稍大，易读性更优，且其屏幕显示效果极佳。对于非衬线字体，微软雅黑系列字体的英文字体质量都很不错。

标题字体

标题包括页面的大标题与小标题。标题负责向观众传达PPT的核心与要点，因此其设计须以醒目为基本要求。醒目的颜色、更大的字号和字重、更独特的字形都有利于吸引观众的注意。在更大的字号下，文字会变得更容易辨识，所以标题字体的选择比正文更加灵活，但是，标题字体必须与PPT的气质相符合，决不能不分场合地乱用字体。

提到标题字体，不得不提中易黑体。尽管其用作正文时可能存在种种问题，但用作标题时，这些问题都不再明显。由于其平实的外表和广泛的安装量，长期以来，黑体已经被用于汽车、房地产、服装、化妆品、互联网、教育、咨询等各行各业，简直是中文字体界的Helvetica。因此中易黑体完全可以作为PPT默认的标题选择。在使用中易黑体时，可以通过改变文字的颜色补偿其平实的字形和字重，获得醒目的效果，如图3-26所示。但再次强调，不要使用中易黑体的西文部分，如遇到西文字符可将其字体更改为Arial Unicode MS，如图3-27所示。

图3-26　中易黑体作标题字体　　　　　　　　图3-27　中易黑体与Arial Unicode MS搭配

微软雅黑Bold是微软雅黑系列字体的黑体字体，在对微软雅黑使用加粗效果时会自动调用。微软雅黑Bold字重与微软雅黑和微软雅黑Light对比强烈，因此在使用微软雅黑系列字体做正文字体时，微软雅黑Bold作为标题和小标题是和谐、醒目、美观的。如前面所说，微软雅黑字形简约平实，使用微软雅黑系列字体作为标题字体固然是保险的，但实际上更适合用在现代或者简约风格的PPT中。

对于项目评估、政府报告、学术报告等保守或者庄重的场合，为了体现严肃感或正式感，PPT通常选择字形端正、厚重有力的方正粗宋、长城特粗宋等作为标题字体，如图3-28所示。

而在商业展示、竞聘汇报、毕业答辩等正式场合，为了展示演示者活力、开放、现代的一面，可以选择字形稍个性的综艺体作为标题，如方正综艺体、华康俪金黑等，如图3-29和图3-30所示。

其他诸如平民化的化妆品介绍可选择温馨柔美的方正粗倩，塑造轻松或可爱的感觉可借助方正喵呜体、方正卡通体、方正稚艺体等，如图3-31和图3-32所示。

图3-28　方正粗宋作标题字体

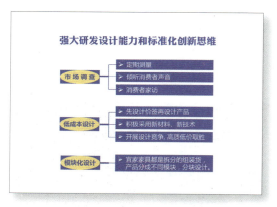

图3-29　华康俪金黑作标题字体

图3-30　方正综艺体作标题字体（@曹将PPTao）

图3-31　方正粗倩作标题字体

图3-32　方正喵呜体作标题字体（@曹将PPTao）

除了宋体、黑体、综艺体等字体，文字辨识度较高的手写字体如方正黄草，也可用作标题字体。手写字体作标题时能够赋予PPT以历史感和人文气息，如图3-33所示。

装饰字体

装饰字体主要用在两个方面，一是加强文字间的对比关系，二是防止页面过于单调。因此装饰字体的选择应以独特、美观为首要要求。由于装饰字体仅用于少量文字，其可读性要求可适当降低。中文的装饰字体有两类用得较多，一是各种手写体，如各种行书、草书等，如图3-34所示；二是韵味浓厚的楷体或宋体，如康熙字典体。合理使用装饰字体能够起到画龙点睛的作用。

图3-33　方正黄草体作标题字体

图3-34　手写字体作装饰字体（右：@曹将PPTao）

字体的搭配

标题字体、正文字体和装饰字体都应契合于PPT的整体气质。例如对于一个古韵风格的PPT，正文字体选择了方正新书宋，则对于标题字体，简约的黑体或现代的综艺体显然并不合适。

从来没有百搭的字体，但存在简单通用的字体搭配方法。一般来说，如果已经确定正文字体，那么直接增大该字体字号或使用其粗体字体来作标题就已经至少是搭配和谐的了。在标题字重不足时，可通过改变颜色、添加底色等手段以增强标题与正文的对比，如图3-35所示。

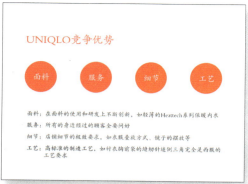

图3-35 正文与标题字体一致

选择与正文不同的标题字体可以产生更明确的对比效果。配合微软雅黑等性格平实的正文字体时，个性突出的标题字体能起到塑造PPT气质的作用，如图3-36所示。

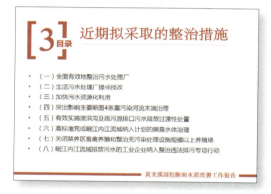

图3-36 标题字体塑造PPT气质（1）

而正文使用宋体、圆体、楷体这类个性较突出的字体时，则需要谨慎选择标题字体，以兼顾PPT的整体气质，如图3-37所示。

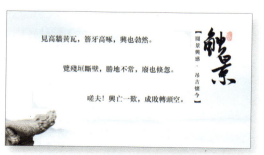

图3-37 标题字体塑造PPT气质（2）（长沙鲤跃文化传媒有限公司）

对于文字较少的PPT（如全图型PPT），则更需注重字体的美观与和谐。此时，选用风格独特的字体是此类PPT统一风格的重要手段。比如图3-38中，PPT作者使用撕纸效果的照片和棕色木质的背景传达了自然的感觉，于是选用了同样自然的两种手写字体，使得页面看起来非常和谐。同样，在图3-39中，字体怪异的笔画和PPT中手绘卡通人物的轮廓线非常相似，结果相得益彰。

图3-38　字体与PPT风格统一（1）（Garr Reynolds）　　图3-39　字体与PPT风格统一（2）
（选自《The story of Drunkenomics》）

未知字体的识别

对字体的掌握是一个逐渐积累的过程。当你碰到喜欢的字体时，就应该花一些时间去了解它，试一试这种字体可以用到哪种PPT中。但有时看到漂亮的字体却不知道它的名字，该怎么办呢？这时候，字体识别网站Myfonts（http://new.myfonts.com/WhatTheFont/）和求字体网（http://www.qiuziti.com）可以帮助你。Myfonts网站用于识别英文字体，而求字体网主要用于识别中文字体。两个网站的使用方法大致相同，下面以Myfonts为例。

首先使用截图软件对喜欢的字体截一张图，而后登录网址，上传你的截图，单击"Continue"按钮，Myfonts会自动识别上传的文件，并分解出字母，可以在这里更正识别错误的字母，而后再次单击"Continue"按钮，即可得到字体匹配的结果，如图3-40所示。

享用海量书法字体

中文书法种类繁多，大部分书法家的字体都还没有转换为计算机字体。当你对自己电脑中的书法字体不再满意时，可以尝试去书法字典网寻找合适的字体。

登录书法字典网（http://www.shufazidian.com/），输入想要的文字，选择书法字体，而后单击"书法查询"按钮，在搜索页面中，选定喜欢的字体，在右侧另存为图片即可，如图3-41所示。

图3-40 使用Myfont识别未知字体

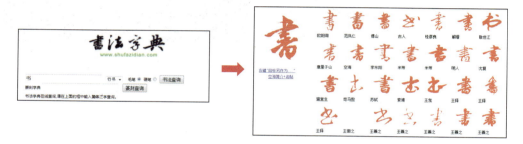

图3-41 使用书法字典网下载书法文字

稍有不便的是，你需要逐次查询、下载单个文字，而后在PowerPoint中拼接起来。

字体网站推荐

找字网（http://www.zhaozi.net/）

很全的中文字体网站，当你在寻找一款特别的字体，或者不知道哪种字体比较漂亮时，可以到这里看看，在字体人气排行中，还可以输入文字，预览字体的效果。

FontSquirrel（http://www.fontsquirrel.com/）

英文字体站点，分享可作为商用的免费英文字体，里面的字体经过网站管理人员精挑细选，质量可靠。

字体排印（http://www.typeisbeautiful.com/）

专注于字体排版的博客，文风科学、专业，想要深入了解字体，一定要到这里看看。

第4章
图像力量

PPT圈里一直流传着"文不如表,表不如图"这一说法,尽管有些绝对,但图片在PPT中的重要性毋庸置疑。尤其在流行视觉化、简约化PPT设计的今天,所选用的图片是否切题、美观、有创意,在很大程度上决定了一个PPT是否精致,是否让人印象深刻。图片的选择和使用是PPT成败的关键。

4.1 图片的作用

在PPT中，图片具有三个作用。一是视觉化，即通过替代枯燥烦琐的文字，将信息视觉化，帮助观众更直观、更快速、更深刻地理解PPT的内容。如图4-1所示，小米公司新品发布会，通过展示产品的照片，使观众直观地感受产品的设计与功能。二是趣味化，即通过提高页面的图版率，像调味剂一样装饰原本索然无味的页面，使PPT更加美观、充实、有趣、品味独特。如图4-2所示，作者通过选用独特的图片让PPT看起来调皮有趣，从而拉近了作者与观众间的距离。三是情感化，即通过图片内涵的情感与精神潜移默化地感染观众、塑造PPT的整体体验，大大增强演说的号召力。如图4-3所示，小米公司使用科技感强烈的图片作为背景，一方面弥补了原本设计的单调感，更重要的是悄无声息地使观众感受到产品的高科技属性和强大的功能，激发观众的购买欲望。

图4-1　图片的作用——视觉化（2014年5月小米新品发布会PPT）

图4-2　图片的作用——趣味化（@邓稳PPT）

图4-3　图片的作用——情感化（2014年5月小米新品发布会PPT）

视觉化、趣味化和情感化三个作用并非相互独立，而是相辅相成的，因此在选择图片时，应尽可能兼顾这三点。如果说实现视觉化的PPT看起来是合格的，那么实现趣味化的PPT就是优秀的，而兼顾前两者的同时实现情感化，这样的PPT就是所谓的"高端大气上档次"了。这确实很难做到，没错，作图或者找图是个枯燥的体力活，但我们必须这么做，图片值得我们如此。

4.2 图片的用法

在PPT制作过程中，图片常常以下列三种形式出现：**插图**、**图标**以及**背景**。在阅读本节时，请注意这三种图片形式的使用是如何与图片的三大作用相对应的。

插图是观众的视觉焦点，因此也是页面设计的中心。插图可以是人、物、风景照片，剪影，CG作品或是影视截图等，用以解释说明或搭建故事场景（视觉化）、增强设计的趣味性（趣味化）以及塑造PPT的体验（体验化）。插图可以是边界分明的小图，也可以出血甚至占满页面【注 出血是指图片的部分超出边界线外】，相对于前者，出血的图片不仅可以使细节更精细，造成的视觉张力也会让页面更美观大气，带来更强的视觉冲击力，如图4-4至图4-8所示。

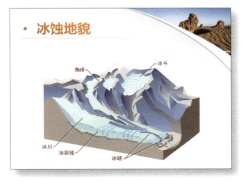

图4-4　图片用于解释说明（@爱弄PPT的老范）

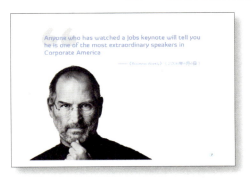
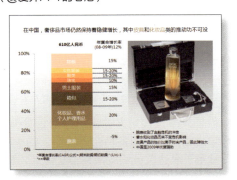

图4-5　图片用于搭建场景（左：@Lonely_Fish；右：@大乘起信_vht）

图4-6 图片用于增强趣味性（右：@Lonely_Fish）

图4-7 图片用于搭建趣味性场景（左：老罗英语培训海报；右：李小强《打Go秘籍》）

图4-8 图片用于塑造体验（左：@黄叔的菜；右：@邓稳PPT）

在PPT制作过程中，需要根据使用场合谨慎拿捏上述使用插图的四个方面。例如，在产品发布或介绍中，使用插图主要用来解释说明、搭建场景或塑造体验，而为保证观众的注意力集中于产品，仅仅为增强趣味性的插图一般不作考虑。而在阅读型或传播型PPT中，为了让读者对PPT保持阅读兴趣或增强传播效果，则可尝试加入有趣的插图以引人注意。

图标是具有指代意义的图形符号，具有高度浓缩并快捷传达信息、便于记忆的特性。图标的使用场合很广，比如各种交通标示、各种软件的图形标示、企业商标LOGO等。在PPT制作过程中，图标用于表达关键词或某种特定含义，将信息视觉化，以增强观众的理解和记忆、提升PPT的视觉效果。在PPT中，使用的图标有两类，一类是以png格式为代表的、或立体化或平面化的位图图标，此类图标一般不能修改，如图4-9所示；另一类是以emf、svg为代表的矢量图标，此类图标可通过PowerPoint或AI等其他矢量软件修改，亦可在已有图标基础上制作新的图标。由于网上能找到的图标一般以交通标示、互联网及计算机方面居多，而对于化工、机械、医药、广告等领域，有针对性的图标库往往少有人开发，因此与位图图标相比，在PPT中使用矢量图标具有更好的灵活性，如图4-10所示。

 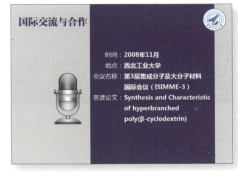

图4-9　位图图标的应用

图4-10　矢量图标的应用

实际上只要图片的尺寸较小，都可以充当图标使用，如图4-11所示。

图4-11　图片美化横列式图标（左：@大乘起信_vht；右：@Lonely_Fish）

背景是放置于页面最底层以衬托页面主题内容的图片。与插图的区别在于，背景仅仅起到衬托内容的作用，而不是作为页面的视觉中心。使用背景一方面能够提高图版率、防止页面过于单调，另一方面通过其内含的风格品味和精神情感等感性因素帮助塑造PPT的整体体验，如图4-12所示。

图4-12　背景的应用（临摹自LogicDesign公司微软案例）

4.3　图片选择的雷区

为了实现图片视觉化、趣味化和情感化三个作用，正确的使用图片还需在挑选图片时小心翼翼，尽量避开图片选择的四大雷区：**无关**、**低质**、**无趣**、**冲突**。

无关是指图片完全不切合主题，或者与页面观点没有明确关联。选择无关的图片非但无益，而且会强烈分散观众的注意力，牺牲内容的传达效果。有些人经常故意添加各种图片使PPT看起来更花哨，如图4-13左图所示，左下角的3D小人与作者所要传达的内容没有任何关联，加入右侧的小人应是作者想提高PPT的趣味性，但选择的3D小人呆板、僵硬、无趣，结果非但没有让PPT变得更好，反而使观众的视线停留在这两个与内容无关的图片上，大大降低了信息的传递效果。正确的做法是对页面内容进行提炼，选择与内容紧密相关的图片，这样既可让页面变得更漂亮，又加强了信息的传达效果，如图4-13右图所示。

图4-13　避免使用无关的图片

低质是指图片质量低，如分辨率低、比例拉伸失调、带水印、有毛边或拍摄水准差，还包括无法与PPT的整体风格搭配互容,等等。低质的图片会严重降低PPT的美感,拉低演说的整体档次,如图4-14左图所示,过低的图片分辨率不仅使PPT看起来很粗糙,而且大大降低了排版的灵活性。而当我们使用分辨率更高的图片时,不仅排版更方便,而且页面看起来也要精致得多,如图4-14右图所示。

图4-14 避免使用低质的图片

当我们不得不使用此类图片时,为避开此雷区,可采用以下三种方法。

❶ 使用软件对图片进行修复。比如通过无损放大软件(如Photo Zoom)解决分辨率低的问题,使用去水印软件(如Inpaint)去除图片的水印。Photo Zoom和Inpaint功能单一、使用简单,其操作界面分别如图4-15和图4-16所示,这里不再赘述,请自行搜索安装使用。

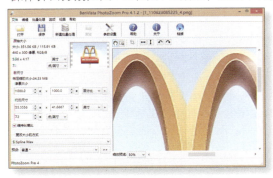 

图4-15 Photo zoom操作界面　　　　　图4-16 Inpaint操作界面

❷ 对图片使用3D等效果或者添加漂亮的修饰元素,中和原本图片的不足。非专业摄影人员拍摄的照片除了场景缺乏美感,还普遍存在构图、色彩、光线等不足。在不得不使用此类照片时,可尝试使用具有立体效果的形状修饰图片,这些美观的形状一方面弥补了照片美感对整体效果的影响,另一方面又能达到凸显说明文字的效果,如图4-17所示。除了这些立体形状,巧妙地使用精致的手、放大镜等素材强调原图片的关键部分,也可以同时起到美化页面与突出重点的作用,如图4-18所示。

图4-17　使用形状装饰图片

图4-18　使用图片装饰图片

❸ 化大图为小图：并通过留白、添加色块等方式增强小图的视觉效果。

如果说避免使用低质、无关的图片是PPT整体质量的基本保证，那么克服图片的无趣则是完成一份优秀PPT的必经之路。

无趣是指所选图片过于陈旧、老套、木讷。例如，职场人选择商务类图片时经常陷入陈旧陷阱，如图4-19左图所示，其人物素材往往体现在造型做作不自然，表演成分重，衣着风格停留在20世纪，基本以西方面孔为主，使整体感觉过于老气。而换用一些人物姿态自然，着装合体现代，具有东方面孔的人物后，PPT则会看起来亲切、精致、有品位得多，如图4-19右图所示。

图4-19　避免使用无趣图片（右：@杨天颖GaryYang）

搜索图片时陷入懒惰或思维定势则容易使用老套的图片。如图4-20左图所示，在表现"女人"这个意象时，很多人会倾向于使用"美女"的照片。使用这类照片固然没错，但却无法超越读者期望，使PPT看起来枯燥老套，给人留下视觉语言匮乏、流于表面的印象。而如图4-20右图所示，使用一本形似红唇的书的照片，不仅风趣幽默地表现了"美女"这一意象，而且表达了"女人是一本书"这一内涵，更切合"读懂"这一主题。

图4-20　广泛联想找到最好的图片（右：@Simon_阿文）

为了防止所挑选的图片过于老套，一般可采用"联想法"、"比喻法"和"切换视角法"选择图片。

"联想法"就是以关键词为起始，广泛联想相关意象。这是为得到优质图片的搜索关键词所采取的最常用、最基本的方法。比如为"沉淀思考"这一主题配图时，第一步是分析主题的关键词，这里包含"沉淀"和"思考"两个。第二步是从两个关键词开始广泛联想，比如"沉淀"可以联想到"积累"、"安静"等，"积累"联想到"沙漏"、"钟表"等。从得到的这些候选关键词中，找到与主题切合的关键词，比如这里"沙漏""钟表""佛像"等意象，因为它们都可以同时暗合"沉淀""思考"这两个中心词，这样就可以用这三个关键词来搜索合适的图片了。整个过程如图4-21所示。

图4-21　联想法搜图的一般过程

举几个例子，如图4-22所示。

(@邓稳PPT)

(@Simon_阿文)

图4-22 使用联想法搜到的图

"比喻法"是在"联想法"基础上，通过对中心关键词进行比喻得到搜索关键词。例如，在为"人才培养、支撑生产"这一主题配图时，其关键词为"人才""培养""生产"这三个，联想法可得到"博士""培训""教学""工厂"等关键词，但以这些关键词搜索出的图片其意义容易流于表面，无法体现主题句的内在含义，如图4-23左图所示。而使用灯泡来比喻人才，如图4-23右图所示，用点亮灯泡的动画来表现"支撑生产"的含义，不仅让页面更有趣，而且优雅地表现了主题。

图4-23 比喻法搜图

"比喻法"这一选图技巧非常实用,下面再列举两例,读者可自行体会,如图4-24所示。

图4-24 比喻法搜图两例

在不改变已有意象的情况下,还可以通过不同的画面视角(如局部特写、仰视、俯视、背后、周围环境等)造成戏剧化张力,以弥补常规意象新颖性的不足。例如,在使用"军人"来表现"执行力"时,直接选择军人训练、演习、敬礼的照片来做素材是很难做到完全妥帖的,如图4-25左图所示,因为人物的表情、衣着、姿态、环境这些观众注意的焦点常常带有"团结""忠诚""保家卫国""顽强"等含义,直接选用此类照片无疑会削弱"执行力"这一主题。而如图4-25右图所示,当我们切换视角,选择"军靴"作为素材,则能在表达"军人"意象的同时剔除其他元素的干扰。此外,这种独特的视角还能给人以内敛、新颖的感觉。

图4-25 使用具有独特视角的图片

下再列举两例,请读者自行体会,如图4-26所示。

冲突是指在一个PPT中,所选图片风格杂乱不一造成的不和谐的拼凑感。冲突是PPT新手使用图片时所常犯的错误。例如,在一个PPT中同时出现卡通、微软剪贴画、剪影、图片、3D小人等风格完全不同的图片,使PPT像是从多个PPT中东拼西凑而来,从而给人过于随意、业余的感觉。因此在制作一个PPT时,要尽量搜索、使用风格一致的套图(如图4-27所示)或对图片使用一致的风格处理(如图4-28所示)以体现专业性。

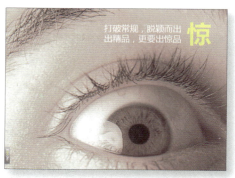

图4-26　具有独特视角的图片两例(@邓稳PPT)

图4-27　使用风格一致的套图（@Lonely_Fish）

图4-28　对图片使用一致的风格处理（@杨天颖GaryYang）

4.4　苹果公司怎样用图片

毫无疑问，苹果公司是世界上最会做PPT的企业，没有之一。凭借乔布斯高超的演说水准和精美绝伦的PPT，苹果的发布会风格几乎影响了所有的科技企业。即使乔老爷子故去多年，这家公司的PPT仍然保持着无与伦比的完美。

那么苹果的PPT好在哪里？从图片的使用角度来看，有以下四点。

① 以产品为绝对核心的插图。除了回顾历史或者讽刺对手，基本找不到任何与产品没有直接关系的插图。即便在讲解产品功能或软件界面时，也尽可能以产品为背景，增加产品的曝光度，如图4-29所示。

图4-29　以产品为核心插图

② 图标的大量使用。使用简洁又精致的图标解释和替代文字，以避免纯文本页面带来的枯燥感，如图4-30所示。

图4-30　使用图标补充和替代文字

③ 图片的质量极高。图片的质量不仅包括产品照片的美轮美奂（如图4-31所示），原理讲解的通俗易懂（如图4-32所示），还在于目的明确的图片选择：苹果选择的图片能够精准地突出重点，如图4-33所示。

图4-31　产品图片美轮美奂

图4-32 原理讲解直观易懂

图4-33 精准地突出要点

❹ 全图式排版。没有模板框线的限制，没有标题占用空间，以深色渐变为背景，苹果去除了一切可能分散观众注意力的元素，为图片提供了最大的展示空间，如图4-34所示。

图4-34 全图式排版

只有在极少的情况下，苹果公司才会使用肌理背景，如图4-35所示。

图4-35 肌理背景

在PPT演示中，当演说者希望观众能够将注意力从幻灯片移到自己身上，集中精力听演说者的讲话时，通常会让PPT暂时黑屏。但在苹果2014年秋季新品发布会上，图4-36出现了多次，替代了以往的黑屏效果。这可能是因为发布会发布了多款产品，所以用这张FPT来提醒观众目前所讲内容仍然与iPhone有关。

图4-36　用产品照片代替黑屏

佢在下面四种情况下，苹果公司通常不会配图：首次指出某一功能、显示统计数字、引用他人言论、介绍登场人物。在第一种情况下，让观众对产品功能建立正确明了的概念最为重要，由于页面内容已经清晰明了，因此添加配图反而会妨碍观众快速建立明确的认知。对于后三种情况，只能添加与产品无关的配图，这样，除了无益于让观众了解产品，还会消耗他们的注意力，若不慎选择了名人照片，还容易产生被俯视的压迫感，这显然是苹果公司不能容忍的，如图4-37所示。

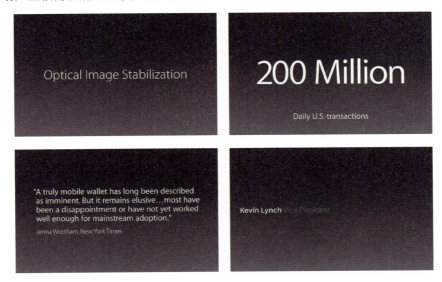

图4-37　不使用插图的情况

苹果PPT所有的素材和产品照片都可以让其设计团队制作完成，而对于一般的PPT用户，去哪里能找到高质量的图片呢？要回答这个问题，我们先从认识图片的格式开始。

4.5　图片的格式分类

图片有很多种类型，最常用到的图片格式包括jpeg（jpg）、png、wmf、emf、psd、svg、ai、eps和cdr等。无论是PPT的制作还是图片的搜索，都需要了解这些格式的特点。

jpeg格式：素材量最大、应用最广泛的图片格式。经过有损压缩，图片文件较小。缺点是不支持透明。数码相机的照片、网页使用的插图基本以此格式最多。

png格式：PPT中最常使用的图片格式之一。相比jpeg，此格式图片最大的优点是支持透明色，因而在使用时具有更强的灵活性。很多精致的图标都是png格式。

gif格式：这也是一种具有广泛支持的图片格式。此格式优点在于一张图片可存储多幅彩色图像并逐幅显示到屏幕上构成动画，缺点是其色域不广，只支持256种颜色，用在PPT里容易显得简陋。

wmf及emf格式：微软定义的Windows平台下的矢量文件格式，放大之后不会失真。emf（增强型图元文件）比wmf（图元文件）支持更多颜色。Office中使用的剪贴画就是这两种格式。emf和wmf格式图片在PPT中可直接"取消组合"而对其元素进行任意编辑，如图4-38所示，在PowerPoint中右击图片，在"组合"中选择"取消组合"命令，会弹出一个警告对话框，询问"是否将图片转化为Microsoft Office的图形对象"，选择"是"按钮，而后再次"取消组合"即可。

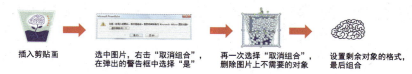

图4-38　图元文件的编辑

psd格式：Photoshop的专用图片格式，存储了Photoshop中所有的图层、通道、参考线、注解和颜色模式等信息。图片文件一般较大，但通常非常精致，可以通过Photoshop对图片进行修改或从这类图片中提取需要的素材。有些psd格式广告可以不太费力地变成精致的PPT模板。

svg格式：一种流行的矢量图形格式，可通过Adobe Illustrator（AI）等矢量插画软件打开。此格式图形在PPT中无法显示，使用之前需要首先使用AI等软件导出为wmf或其他PowerPoint所支持的图片格式。

ai格式：Adobe Illustrator的专用文件格式、矢量图形格式。PowerPoint可以显示此格式文件，但无法进行编辑。编辑前需要首先使用AI将其导出为wmf或emf格式，或直接将图形从AI界面拖动到PowerPoint界面。

eps格式：一种同时支持位图和矢量图形的文件格式。PPT可以显示，但其矢量部分需要使用AI等软件导出后才可编辑。

cdr格式：著名绘图软件CorelDRAW的专用图形文件格式，矢量图形格式。使用前需要首先使用CorelDRAW导出为wmf或其他PowerPoint所支持的图片格式。

另外，PowerPoint可以将任何元素都转换为图片，甚至包括外部对象。这是一个非常重要的技巧。只需选中要保存的对象（可以同时选中多个），右击，选择要保存的图片格式；或者复制图片，按住Ctrl+Alt+V组合键选择性粘贴为需要的图片即可，如图4-39所示。

图4-39　选择性粘贴对话框

由于具有很高的灵活性，因此矢量图片很受PPT制作者青睐。但当我们需要一个LOGO或图标时，如果只找到了png、jpeg等位图格式的图片，则可以使用Vector Magic将位图格式图片转换为emf等矢量格式，其界面如图4-40所示。

图4-40　Vector Magic操作界面

4.6　图片的搜索

图片搜索的第一步是选择恰当的搜索关键词。在本章4.3节中，已经介绍了选择搜索关键词的基本方法——联想法，比喻法，以及从众多搜索结果中选择更优图片的切换视角法。因此，剩下的问题是，有哪些比较好的图片搜索网站可以选择？

一个完美的图片搜索网站应满足以下条件：（1）图库数量大；（2）图片关键词信息详细；（3）具有相似图查找或关键词联想等功能；（4）访问速度快；（5）免费。当然，同时满足上述所有条件的网站是不存在的。综合比较后本书的建议是：插图和背景从表4-1列举的网站中搜索，图标和矢量图形从表4-2列举的网站中查找。

表4-1 图片搜索网站

网站名称	图片数量	关键词信息	功能	访问性	版权与收费	备注
华盖创意 www.gettyimages.cn	8亿+	丰富	相似图查找	可	RF/RM/RR 收费	注册登录后可下载无水印预览小图
全景图库 www.quanjing.com	3000万+	丰富	推荐更多	可	RF/RM 收费	注册登录后可下载2M以下图片
Flickr www.flickr.com	35亿+	一般	查看摄影师其他照片	需要VPN	CC 免费	可否商用由上传者决定
500px www.500px.com	未知	一般	查看摄影师其他照片	暂可	收费/免费	上传者决定商用收费

表4-2 图标和矢量图形搜索网站

网站名称	图片类型	功能	版权与收费
IconFinder www.iconfinder.net	图标(png/svg)	可按图标风格分类筛选	收费/免费
NounProject thenounproject.com	图标(svg)	无	CC 免费
Flaticon www.flaticon.com	图标(png/svg/eps)	推荐更多	免费
Freepik www.freepik.com	图标和插画(ai/eps/psd/png/svg)	相关图片	免费

在上述各图片库搜索软件时，有两个非常重要的技巧。

❶ 对于国外网站，如Flickr、500px、IconFinder、Google等，要多使用英文关键词进行搜索。

❷ 搜索图标时，联想关键词时向计算机、互联网等行业联想得到的结果更多，对于其他行业，关键词联想可从小类到大类。比如搜索"齿轮（gear）"图片时，使用"setting（设置）"作为关键词可得到更多结果；搜索关于化学的图标时，关键词与其使用"chemistry"，不如使用"science"；搜索"毕业（graduate）"时，可使用关键词"student"等。原因是图标的作者大多为平面设计、互联网或计算机行业从业者，因此所制作的图标基本以这些行业为主，其他行业的图标则大多是他们制作大类图标时广泛联想所得。

从上述网站中找不到合适图片时，可使用Google、百度等综合搜索引擎。在众多综合搜索引擎中，优先推荐在Google中使用英文关键词进行搜索，至于Google在很多情况下无法流畅访问的事实，建议购买VPN。使用Google和百度时要注意利用筛选条件，如图4-41所示。

事实上，PPT作者对图片库的选择是基于自己的使用习惯和作品风格的，以上图片库的介绍都只是基于作者个人的习惯与经验。在附录F中，作者调查了国内3位知名PPT达人的图片库选择和搜索技巧，希望读者能从中得到更多启示。

无论用什么网站、何种方法，搜图最最重要的就是两个字——耐心。有时候找到一张称心如意的图片可能会花20分钟、40分钟甚至1个小时，但我们必须这样做，因为图片在PPT中如此重要，它值得这么多的付出。

图4-41 Google图片搜索技巧

4.7 图片的基本处理

为了让下载到的图片能和谐、美观地应用到PPT中，有时我们需要对其进行简单的处理，如剪裁、抠图、柔化、透明等几种。PowerPoint 2010为这些图片处理需求提供了简单的解决方法，我们完全不必求助于Photoshop就可以快速完成这些工作。

剪裁。在PPT中选定图片，单击"图片工具"选项卡最右侧的"剪裁"按钮，就可以选择图片要保留的部分了，如图4-42所示。

单击"剪裁"按钮下的下拉箭头，在弹出的菜单中，可以进行多种方式的剪裁，比如将图片剪裁为各种形状，控制剪裁的纵横比等，如图4-43所示。

图4-42 图片的剪裁

图4-43 设置剪裁效果

剪裁图片时，应注意使用三分法构图。三分法是指将主要元素放置到页面的三等分线以及页面四条三等分线的交叉点附近，而不是在页面正中，如图4-44所示。三分法构图在视觉上比将焦点放到页面中心更为均衡。

图4-44　三分法构图

剪裁后的图片若直接使用可能看起来不够精致，这时可为其添加边框、立体倾斜、阴影等效果，或者直接使月图片格式预设，如图4-45所示。

利用外部的附加元素（如大头针、夹子、胶带纸等）对图片进行修饰也是常见且漂亮的方法，如图4-46所示。

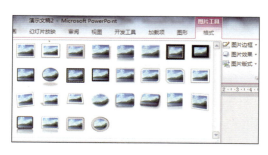

图4-45　图片格式预设　　　　　　　图4-46　使用附加元素修饰图片

抠图。在PowerPoint 2010中，抠图有两种方法。第一种是使用"图片工具"选项卡左侧"颜色"菜单下的"设置透明色"命令。它可以将图片中的一种颜色设置为透明色，对于背景颜色均一的图片，只需选中该工具后在图片背景处单击即可，如图4-47所示。这种方式操作简单，在PowerPoint 2003中也可以使用这个工具。但此方法有两个缺点，一是如果要抠出的部分与背景有同样的颜色，则图片会有残破；二是由于要抠出来的部分与背景的交界处通常有一层薄薄的颜色渐变区，因此得到的抠图容易伴有毛边。

图4-47　使用“设置透明色”抠图

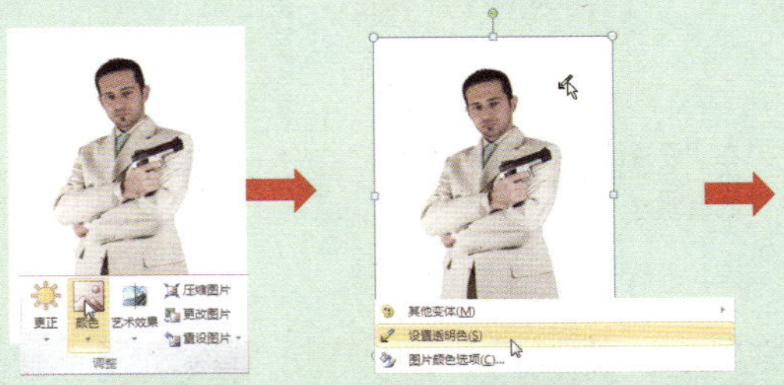

第二种方法是使用PowerPoint 2010新增的背景删除工具。选中图片，单击“图片工具”选项卡最右侧的“删除背景”按钮，在弹出的“背景删除”菜单中，使用“标记要保留的区域”、“标记要删除的区域”和“删除标记”三个按钮小心地将要保留的区域和要删除的区域标记出来，而后单击“保留更改”即可完成抠图，如图4-48所示。

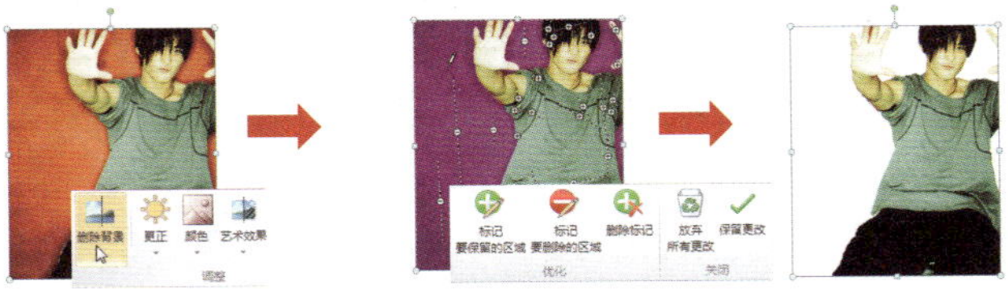

选中图片，单击“删除背景”　　选择要删除的区域　　“保留更改”

图4-48　使用“背景删除”工具抠图

柔化。在PowerPoint 2010中，只需选定图片后，在“图片工具”选项卡下“图片效果”的“柔化边缘”中选择选择一个柔化数值即可，如图4-49所示。

而单边柔化则可在照片和背景之间通过添加背景色的透明渐变来实现，渐变层的位置及设置方法如图4-50所示。

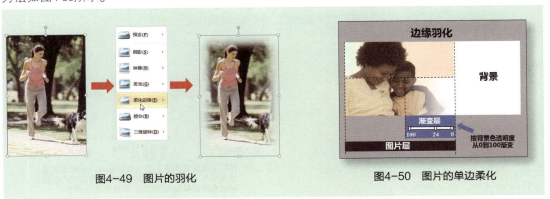

图4-49　图片的羽化

图4-50　图片的单边柔化

透明。PowerPoint 2010可对图片进行整体透明度设置。首先插入一个矩形,然后使用图片填充该矩形,右击图片,选择"设置图片格式",在弹出的"设置图片格式"对话框中,使用"填充"最下面的"透明度"工具调节图片的透明度,如图4-51所示。但若在PPT中直接插入图片则不能实现上述设置。

图4-51 图片的透明度设置

原图　锐化　柔化　亮度　对比度

图4-52 "图片更正"选项

图片更正。在"设置图片格式"对话框的"图片更正"中,可以对图片进行柔化、锐化处理以及亮度和对比度的设置,如图4-52所示。其中,当亮度为100%时,图片将变成纯白色;当亮度为0时,图片将变成纯黑色;当对比度为0时,图片将变成纯灰色。

颜色和滤镜。PcwerPoint 2010还可以对图片进行颜色的设置和滤镜处理,这些图片处理很少单独使用,但通过与上面的图片技巧结合,就会有很多非常实际的用途。一些着色及滤镜效果如图4-53所示。

饱和度　色温　灰度　重新着色　标记　浅色屏幕　图样　虚化

图4-53 图片的颜色设置和滤镜处理

4.8 图片的高阶处理

在熟悉了上述图片基本的处理技巧后,即可通过多种处理效果的叠加制作复杂一些的图片效果了。

制作剪影。使用背景删除工具将图片抠出后,调整亮度为100%会得到白色剪影,调整亮度为0则得到黑色剪影,如图4-54所示,调整饱和度为0则得到灰色剪影。

插入图片　使用背景删除工具抠图　调整图片的亮度为0

注意:使用【设置透明色】的方法抠图时,不能直接通过调整亮度制作剪影。解决方法是将抠出的图复制后选择性粘贴为PNG图片再进行亮度调节。

图4-54 剪影的制作

使用"设置透明色"的方法抠出的图不能直接通过调整亮度制作剪影，应该将抠出的图复制、选择粘贴为png图片之后再进行亮度调节。

背景黑白。首先将图片复制为二，从其中一张图片中将保留彩色的部分抠出来，而后将另一张图片使用"颜色"工具设为灰度。两张图片重合后即为背景黑白的效果，如图4-55所示。

图4-55　背景为黑白的效果

同理，还可以进行背景虚化、局部放大等效果，如图4-56所示。

图4-56　图片的局部放大效果

自由滤镜。通过在图片上方添加各种不同透明度、颜色、渐变的自定义形状即可实现更多的滤镜效果，其方法如图4-57所示。背景图片经常使用这种方法来降低其视觉度，凸显文字内容。

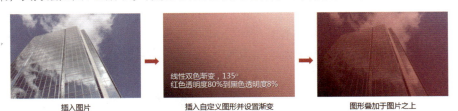

图4-57　为图片添加自由滤镜

制作矢量图标。对于一些比较生僻的领域，经常会遇到搜索不到合适图标的情况，这时，可利用通过多个矢量图标的叠加、组合来快速制作所需的矢量图标。例如制作一个肠道防护的图标，可首先分别搜索找到代表肠道和保护的图形，而后将两者适当组合即可，如图4-58所示。

图4-58　合并已有图标制作新图标

4.9 多图安排的注意事项

如果需要在一页PPT中使用多张图片，那么合理安排图片的重要性是不言而喻的。如果能将图片从视觉上拼接起来，则图片看起来会更协调些。当天空的图片在大地图片的下方时，给人的感觉是很别扭的；而当大地的图片在天空图片的下方时，则不仅符合常识，而且还可能将图片拼接起来，使之成为一个整体，如图4-59所示。

对两张图片地平线的安排也是如此。如果两张图片地平线在同一直线上，则两张图片看起来就像一张图片一样，看起来会和谐很多，如图4-60所示。

图4-59　天上地下

图4-60　地平线一致

对于多张人物图片，将人物的眼睛置于同一水平线上时看起来是很舒服的。这是因为在面对一个人时一定是先看他的眼睛，当这些人物的眼睛处于同一水平线时，视线在四张图片间移动就是平稳流畅的，如图4-61所示。

另外，读者视线的移动实际是随着图片中人物视线的方向的，因此图片中人物与PPT内容的位置关系以及两个人物是否对视都会表达出不同的含义。这是使用人物图片时需要注意的，如图4-62所示。

图4-61　人物眼睛处于同一水平线

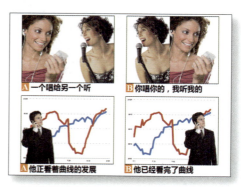

图4-62　人物位置不同时含义不同

4.10 图文混排

图片通常是色彩斑驳的，文本通常是颜色单一的，当两者需要放在一起时，常出现部分文本与图片颜色相近而不好分辨的情况。这时为了让文字能够被看得清楚，可采用以下方法。

❶ 文字直接放到颜色较纯净的空白区。当空白不足时，可以使用背景删除工具将背景移除，如图4-63所示。

图4-63　文字直接放到图片空白处

当文字出现在图片上本有的内容载体上时（如名片、显示器等），图片与文字的结合就自然而巧妙了，如图4-64所示。

图4-64　文字放到内容载体上（Espresso《What the Fk is Social Media Now》）

❷ 为文字添加轮廓或发光效果。当发光效果的透明度为0时，实际上是为文字添加了一种柔和的边框，如图4-65所示。另外，文字的轮廓会让字体的字重减小，发光则不会对字形产生影响。

图4-65 为文字添加轮廓或发光效果

❸ 在文本框下方添加图形作为底色,图形既可以是透明的,也可以是不透明的,如图4-66所示。

图4-66 为文字添加底色

❹ 在文字下方添加便笺、纸片等图片,添加阴影和使用图钉或胶带等素材修饰后,便笺和纸片会变得更加真实,如图4-67所示。

图4-67 将文字放到纸片上(左:@无敌的面包)

大头针或者回形针等素材很容易下载到，而胶带则可以在PPT里制作一个，如图4-68所示。

图4-68　透明胶带的制作

❺　降低图片的饱和度或透明度可使其色彩变得更加纯净，如图4-69所示。

图4-69　降低图片的饱和度或透明度（左：@杨天颖GaryYang；右：微软官方）

❻　将图片完全或部分虚化，图片虚化后具有毛玻璃的视觉效果，如图4-70所示。

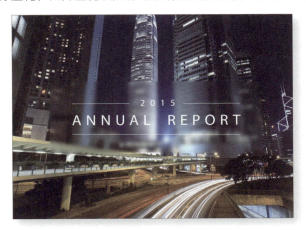

图4-70　图片虚化

第5章
图表魔术

　　表格（Table）是按照行（Row）和列（Column）组织数据以对其进行总结、归纳和对比的工具。图表（Chart）是通过点、线、面等图形符号对数据的图形化表达。表格是最常用的数据组织形式，图表则是对数据的可视化加工，相对于前者，图表能够更直观、友好和深刻地揭示隐藏在数据中的信息。作为PPT中最重要的两种理性论据，表格和图表具有无与伦比的说服力。因此，对表格和图表的使用、处理、解读是否正确、恰当、深刻，是演说者专业性的直接体现。

5.1 表格和图表的四个基本要求

在PPT中，表格和图表都是为达成演说目的而存在的，是制作者意图的体现，其表现形式的选择不可避免地带有主观性。为了清晰、快速、愉悦地将制作者的观点传递给观众，PPT中表格和图表的使用应当符合以下四个基本要求：**真实**、**明确**、**易读**、**美观**。

真实不仅包括使用的数据正确可靠、未经夸大或篡改，还要求数据的展现形式不对读者的判断造成误导。这些误导包括但不限于区间误导（截取坐标轴的一部分夸大数据的变化）、3D误导（三维图形掩饰了数据的差别）、排序误导等（更改部分数据的排序造成虚假的变化趋势），如图5-1所示。苹果的新产品之所以让用户放心，源自于其在长久以来发布会上对产品设计、性能数据真实可靠的解读；而很多国产品牌PPT做得再好，但由于之前牛皮吹得太多，以至于用户对其新产品心里总是打着问号的，因此诚信是演示者立身之本。

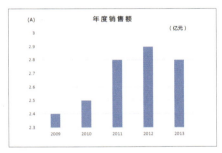
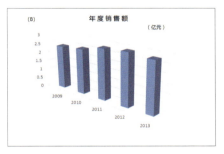
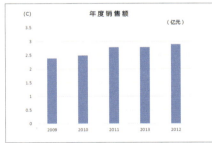
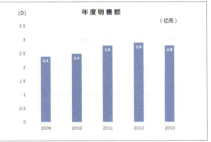

图5-1　数据的误导（A：区间误导，B：3D误导，C：排序误导，D：真实数据的表现）

明确是指表格或图表所要传达的信息要明确、清楚。PPT中使用表格或图表并不是为了单纯地展示数据，而是为了说明这些数据所隐含的信息。换句话说，表格和图表的设计需要让读者明白演示者要说明的问题。达到"明确"这一目标需要做到两点：一是选用恰当的图表类型，二是清楚地对图表进行标注。第一点本章稍后会做详细讲解，而对图表进行标注，可通过调整数据序列颜色、添加箭头等自定义图形等方法。例如对于图5-1（D），观众可以做出多种不同的解读：近三年市场销售已趋平稳；2013年销售额首次出现下降；销售额一直未突破3亿大关，等等。为了让观众明确选用图表的意图，使用灰色淡化不太重要的数据，使用蓝色和玫红色等更醒目的颜色突出关键数据，添加箭头和文字表达数据的变化，以及通过一个完整的句子点明观点，如图5-2所示。明确性是表格与图表的精神核心。

易读是要求数据的展示简洁清晰，"信噪比"尽可能大，使观众视线无须频繁跳转。"信噪比"是指数据信息与无关元素的比值，提高信噪比则要求我们去除干扰图表阅读的多余元素，以更清楚地呈现核心的数据信息。如图5-3所示，左图中表格数据与图表数据重复，渐变色背景喧宾夺主，插图与图表内容没有关联，条形图和图示距离太远不容易分辨对应关系，

图5-2　意图明确的图表

数据没有标示在柱形图上不直观，坐标轴和网格线等次要图表元素也需要简化；右图中，通过去除无关插图、简化背景、去除重复的表格、简化坐标轴和网格线等方法提高了信噪比，图表看起来更简洁清楚，同时直接标注在图表上的数据更方便观众阅读。

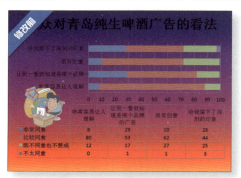 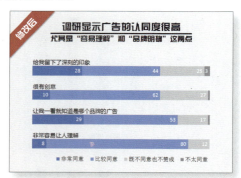

图5-3　图表的简化

此外，3D效果使用不当也是降低易读性的罪魁祸首。如图5-4所示，由于3D图标中的图形的透视缩小而导致其大小和比例不易分辨，再加上右边的2D图表直接将数据标记到对应图形上，使得2D图表较前者更容易阅读，因此在使用3D图表前，务必要在其视觉吸引力和易读性损失间仔细权衡。

 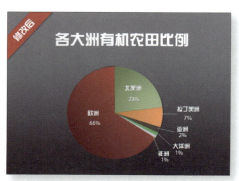

图5-4　3D图表的易读性降低

美观的图表/表格能够大大提升观众的阅读体验,相对于丑陋的图表/表格,前者无疑更让观众产生信赖感。美观的图表/表格能够吸引观众更多注意力,但过于精致的设计反而会影响图表/表格内容的传达。一般来说,恰当的配色是美观性的基本保证,很多人制作的图表/表格看起来业余的根本原因,是他们总是使用PowerPoint自带的配色方案(这里主要是指PowerPoint 2003和2007版本,事实上从PowerPoint 2010开始,PowerPoint的图表配色已明显改善)。要获得美观的配色方案,最简单的方法是只用一种颜色,如图5-5(A)所示;也可以使用单色渐变,如图5-5(B)所示;在单色基础上再添加另一种颜色做强调色可大大增强图表的表现力,如图5-5(C)所示;或者创建一系列色调相同而饱和度和亮度不同的单色组,如图5-5(D)所示;以及在单色组基础上添加强调色,如图5-5(E)所示。更详细的配色方法见本书第9章,其他图表美化技巧将在本章后续章节中介绍。

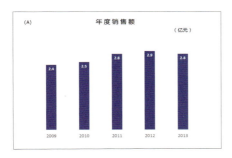
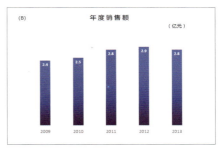
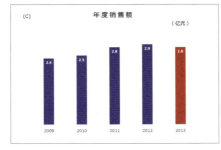

图5-5 图表的配色

5.2 表格的设计

微信扫码看视频

图表比表格更直观、友好、漂亮，但在PPT中表格使用的频率丝毫不比图表少。这是因为相对于图表，表格不仅支持数字，还可以对文字等多种类型的信息进行多维度的总结、归纳和比较。好的表格能够精炼、易懂、高效地传达很多信息，对表格进行美观、适度的设计非常重要。根据信息的组织方式，表格有横向、纵向和矩阵三种形式，如图5-6所示，其中，横向和纵向表格侧重于列举，矩阵表格则偏向于比较。

对象A	特征1	特征2	特征3
对象B	特征1	特征2	特征3
对象C	特征1	特征2	特征3

横向

对象A	对象B	对象C
特征1	特征1	特征1
特征2	特征2	特征2
特征3	特征3	特征3

纵向

	对象A	对象B	对象C
特征1	Yes	No	Yes
特征2	No	Yes	Yes
特征3	5	10	20

矩阵

图5-6 表格的三种形式

那么为了满足真实、明确、易读、美观的要求，表格设计流程常包括转置、美化、分级和强调四步，下面以图5-7中的表格为例对这四个步骤稍作讲解。

	Monthly Cost ($)	Product Number	Image per Product	Stats Level	Customization Level	iPhone app Number	inventory Tracking	Discount codes
Gold	FREE	5	1	Basic	Basic	10	No	No
Platinum	9.99	25	3	Better	Full	Unlimited	Yes	Yes
Diamond	19.99	100	5	Best	Full	Unlimited	Yes	Yes
Titanium	29.99	300	5	Best	Full	Unlimited	Yes	Yes

图5-7 一个未经处理的表格

转置就是将行列内容对调。最重要的信息应该放到最显著的位置，考虑到人们自上而下的阅读习惯，产品名作为最重要的信息应该放到最上面的一行，因此第一步是对表格进行转置处理，如图5-8所示。

	Gold	Platinum	Diamond	Titanium
Monthly Cost ($)	FREE	9.99	19.99	29.99
Product Number	5	25	100	300
Image per Product	1	3	5	5
Stats Level	Basic	Better	Best	Best
Customization Level	Basic	Full	Full	Full
iPhone app Number	10	Unlimited	Unlimited	Unlimited
inventory Tracking	No	Yes	Yes	Yes
Discount codes	No	Yes	Yes	Yes

图5-8　转置后的表格

美化是对表格进行简单的修饰，以降低阅读的枯燥感。常用的美化手段包括弱化框线、添加底纹、添加图标等，如图5-9所示。

图5-9　三种简单的底纹和框线效果

分级就是调整表格内容的字体、字号等格式，帮助读者更容易区分各层信息，增强表格的易读性，如图5-10所示。

	Gold FREE	Platinum $9.99 monthly	Diamond $19.99 monthly	Titanium $29.99 monthly
Product Number	5	25	100	300
Image per Product	1	3	5	5
Stats Level	Basic	Better	Best	Best
Customization Level	Basic	Full	Full	Full
iPhone app Number	10	∞	∞	∞
inventory Tracking	×	√	√	√
Discount codes	×	√	√	√

图5-10　表格信息的分级

由于阅读纵向表格时，视线无须在数据和标题间反复跳转，因而虽然不如矩阵式表格形式精简、易于对比，但易读性更强。因此，在以列举而不是对比为主要目的时，选择纵向或横向表格较矩阵表格更优。在纵向或横向表格中进行格式分级能够在保持其易读性的同时方便读者对比，如图5-11所示。

Gold FREE	Platinum $9.99 monthly	Diamond $19.99 monthly	Titanium $29.99 monthly
5 products	25 products	100 products	300 products
1 image per product	3 image per product	5 image per product	5 image per product
Basic stats	Better stats	Best stats	Best stats
Basic customization	Full customization	Full customization	Full customization
10 iPhone app	Unlimited iPhone app	Unlimited iPhone app	Unlimited iPhone app
No inventory tracking	Inventory tracking	Inventory tracking	Inventory tracking
No discount codes	Discount codes	Discount codes	Discount codes

图5-11　表格处理为纵向

强调是突出重点信息以明确表格的意义，常用的方法是使用显著的底色和调整尺寸，如图5-12所示。

	Gold $0 /mo	Platinum $9.99 /mo	Diamond $19.99 /mo	Titanium $29.99 /mo
Product Number	5	25	100	300
Image per Product	1	3	5	5
Stats Level	Basic	Better	Best	Best
Customization Level	Basic	Full	Full	Full
iPhone app Number	10	∞	∞	∞
inventory Tracking	×	√	√	√
Discount codes	×	√	√	√

使用底色

Gold FREE	Platinum $9.99 monthly	Diamond $19.99 monthly	Titanium $29.99 monthly
5 products	25 products	100 products	300 products
1 image per product	3 image per product	5 image per product	5 image per product
Basic stats	Better stats	Best stats	Best stats
Basic customization	Full customization	Full customization	Full customization
10 iPhone app	Unlimited iPhone app	Unlimited iPhone app	Unlimited iPhone app
No inventory tracking	Inventory tracking	Inventory tracking	Inventory tracking
No discount codes	Discount codes	Discount codes	Discount codes

调整尺寸

图5-12　表格信息的强调

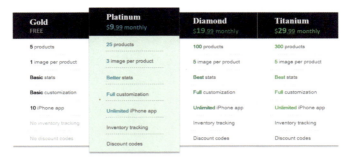

同时调整尺寸和底色

图5-12　表格信息的强调（续）

5.3　图表的基本构成

图表的制作就是将抽象的数据转变成具象的图形符号，这一方面能够帮助观众更方便地比较数据大小、表现数据的变化趋势、发现数据背后所隐藏的信息，另一方面其直观、奇特的样式会让人们对原本枯燥的数据变得好奇。因此，在PPT制作中遇到数据表格时，应该首先考虑其转化成图表的可能性。完整的图表通常包含以下元素，如图5-13所示。

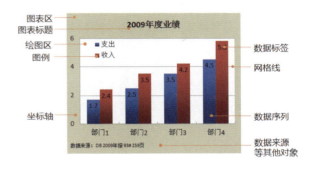

图5-13　数据图表的构成

- **图表区**：图表中所有对象的"容器"。PPT中的图表最初都限制在一个图表框内，但图表框不是图表区，对图表进行调整、美化、注释时不必拘泥于图表框。例如我们可以另外插入文本框、图形等元素对图表进行标注。

- **图表标题**：图表的名称。为方便排版，通常先将图表框内的标题删除后再在其外部重新添加。

- **绘图区**：数据系列的图形区域。绘图区的尺寸决定了数据系列图形的大小。

- **图例**：指明图表中图形所代表的数据系列。不是所有的图表都需要图例。图例的位置要方便易读，尽量减少观众在图例和数据图形间的视线跳转。直接用文字标注数据系列的图形效果通常更好，比如饼图就推荐采用直接标注的方式。

- **数据标签**：数据序列的源值，用于弥补图形精确性的不足。注意，在数据量较大时，只标注少数重点数据即可。

- **坐标轴**：包括主要坐标轴及次要坐标轴。坐标轴上的数字松散一些会让图表看起来更舒服、易于分辨。如果数据已标注在图表上，则坐标轴可以考虑弱化或省略，以提高信噪比。

- **网格线**：包括水平网格线和垂直网格线。网格线能够方便观众阅读坐标轴和比较数值大小，但密集的网格线是降低信噪比的元凶之一，制作图表时需考虑其必要性后再决定去留。
- **数据来源、脚注等其他对象**：生成图表后插入的其他对象。脚注用于对数据做出特别说明；数据的来源则向观众展示了数据的真实性，可以大大增强图表的可信度和专业性。

5.4 选择正确的图表

一个图表的制作一般是从数据表格开始，经过对数据的理解、分析和提炼来明确主题，挑选出最合适的图表类型，而后再使用PowerPoint制作出我们需要的图表。图表的种类不胜枚举，仅PowerPoint 2010就提供了10大类53种图表。附录C按照应用场景总结了40余种经常见到的图表，这些图表全部都可以使用PowerPoint 2010的自带功能完成制作。尽管图表的种类繁多，但我们最常用的只有饼图、柱形图、条形图和折线图四种。掌握好这四种图表不仅能够帮助我们应对绝大多数情形，还可以在其基础上进行衍生，制作出更多种类的图表。

饼图

饼图用于表示整体的构成或者某部分占总体的百分比，其各扇形的大小或圆弧的长度代表了数据所占的比例。饼图突出强调了"整体"这一含义，这是条形图等图表所不具备的。但若要比较一个对象的各个部分的大小，或两个对象的相同数据序列时，饼图不是最优选择，尤其当分组太多时，细小组之间的差别则很不容易区分。在这种情况下，可以将某些组合并或将不重要的组赋以同一颜色，抑或使用其他图表，如条形图。

PowerPoint默认的饼图图例是放在饼图旁边，阅读时需要在图例和饼图间对照、跳转，造成不便，因此最好直接将之标注到各扇区上：首先删除图例，而后手工添加文本框对扇区进行标注。当扇区太小不足以放置文字时，可以使用连接线将其和文字连接起来。

人们阅读饼图一般习惯从12点位置顺时针开始，因此将想要突出的部分置于十二点方向会自然而然地吸引观众的视线。另外，通过扇区分离、填充暖色或者添加其他特效（如渐变填充、阴影和发光等）可以让扇区更加醒目，如图5-14所示。同样的道理，当所强调的数据很大时，较小的数据扇区应该远离12点，如图5-15所示。

图5-14 饼图举例（1）

表示整体的构成或部分的占比时还可使用条形图、堆积柱形图、环形图、半饼图、堆积积木图等。相对于饼图，条形图更适合比较各个部分的大小，如图5-16所示；而百分比堆积柱形图则更适合在多个对象间比较同一数据序列，如图5-17所示。

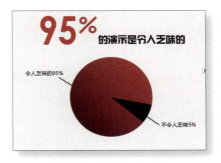

图5-15 饼图举例（2）

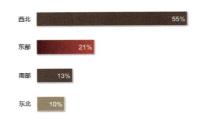

图5-16 用条形图表示各个部分大小

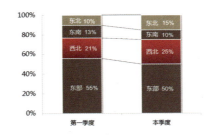

图5-17 用堆积柱形图表示同一数据系列构成

环形图和半饼图在保持了"整体"概念的同时有一定的新颖性，如图5-18、图5-19和图5-20所示。

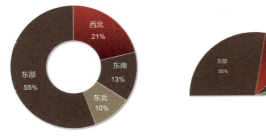
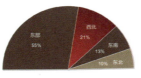

图5-18 环形图　　　　图5-19 半饼图　　　　图5-20 半环图

堆积积木图虽然形式新颖，但大大牺牲了图表的易读性，使用前需要仔细权衡，如图5-21所示。

柱形图

柱形图用来表示数据随时间的变化或各项之间的比较情况，柱形的高度代表数据的大小。相对于使用弧线长度或图形面积，柱形通过高度来比较数据的大小对观众来说无疑更直观、简单、准确。在比较各个对象的大小时，柱形图上各数据通常是由大到小或由小到大排列的，如图5-22

所示。在表示数据变化时，与强调数据变化趋势的折线图相比，柱形图更强调各个数据之间的大小差异。

柱形图有簇状柱形图、堆积柱形图和堆积百分比柱形图三种衍生形式。簇状柱形图用于不同对象的多个项目的比较，如图5-23所示；堆积柱形图用于表示构成对象的项目数据总和和各项目数据的变化或对比，如图5-24所示；堆积百分比柱形图表示对象的各个项目所占份额的对比或变化，如图5-25所示。堆积柱形图中只有最下面的柱形是底端对齐的，因此与簇状柱形图相比，前者不善于表现多个项目的数据的大小对比或者变化趋势，却能够明显地对比各项数据的总和。注意，在堆积柱形图中，最重要的项目应该放到底端。

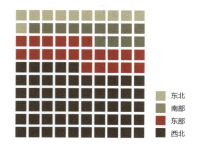

图5-21　堆积积木图

图5-22　柱形图举例

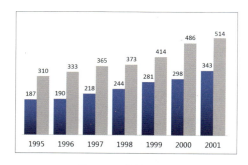

图5-23　簇状柱形图

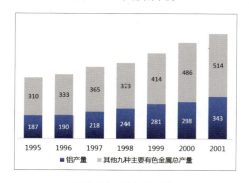

图5-24　堆积柱形图

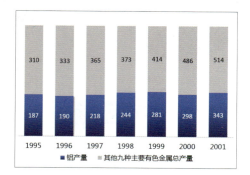

图5-25　堆积百分比柱形图

条形图

把柱形图顺时针旋转90°就变成了条形图。与柱形图相比，条形图一般只表示数据的对比，而不表示数据随时间的变化。另外，当柱形图的坐标轴标签过长时，标签只能纵列或倾斜，导致易读性降低，而换成条形图则能解决这一问题：标签文字可置于条形图中间（首先需要删除坐标轴，而后手动添加文本框），如图5-26所示。条形图通常将数据按由大到小的顺序自上而下摆放以方便数据的比较。与柱状图一样，条形图也有簇状、堆积、堆积百分比三种衍生形式。

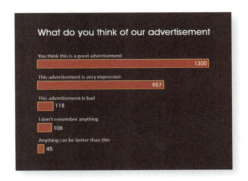

图5-26　条形图举例

折线图

折线图主要用来表示数据随时间的变化。与离散柱形图相比，折线图尤其适合展现大量的数据点，其连续的曲线更侧重于表现数据随时间变化的"趋势"。将折线加粗可以让图表更美观、更易于辨认，如图5-27所示。

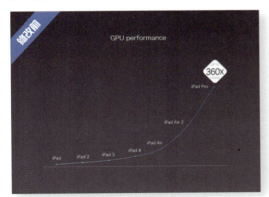 

图5-27　折线图举例

折线图与面积图基本是等同的，但面积图加强了对数据数值大小的表现，如图5-28所示，而不像折线图那样纯粹地表现数据的变化趋势，如图5-29所示。当比较多组数据的变化时，面积图虽然可用透明避免数据被遮盖，但其易读性仍要比折线图低得多。粗边面积图则中和了折线图和面积图的特点，如图5-30所示。

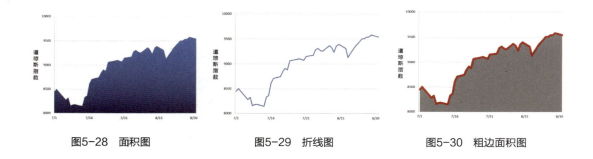

图5-28　面积图　　　　　图5-29　折线图　　　　　图5-30　粗边面积图

5.5　图表的制作

在PowerPoint中，图表的制作有以下几种方法：（1）直接在PPT中插入默认图表；（2）利用辅助数据扩展图表类型；（3）使用多个默认图表叠加制作更多图表；（4）使用绘图工具绘制图表。或者同时使用以上多种方法。

默认图表的插入和修改

在PowerPoint 2010中，图表的插入方法是：单击"插入"选项卡中的"插入图表"按钮，在弹出的"插入图表"对话框中选择需要的图表，如图5-31所示。

图表插入后，会自动打开编辑图表数据的Excel窗口，如图5-32所示。在Excel窗口中，蓝色的框线为图表中显示的数据，拖动蓝色框线即可将新的数据系列或类别显示到图表中，或者从图表中将该数据系列的图形删除。

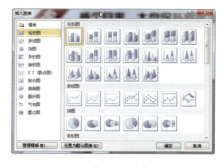
图5-31　"插入图表"对话框

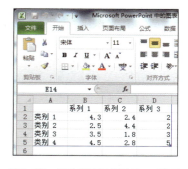
图5-32　修改图表数据的Excel窗口

数据输入完毕后，直接关闭Excel窗口即可。当需要再次修改数据时，只需选中该图表，在"图表工具"的"设计"选项卡中，单击"编辑数据"即可重新打开Excel窗口，如图5-33所示。单击"选择数据"则可指定生成图表的数据序列，使用"切换行/列"可以调换图表的横纵坐标轴。另外，选定一组数据序列后，单击"更改图表类型"按钮可将此数据序列更改为指定的图表类型。所有图表元素的设置选项均可在"图表工具"选项卡的"布局"子选项卡中找到，如图5-34所示。

图5-33 图表工具"设计"子选项卡

图5-34 图表工具"布局"子选项卡

图表的标题、坐标轴、图例、数据标签、网格等元素都可以使用此选项卡隐藏，也可以在图表中选中该元素后直接按Delete键删除。此外，直接双击图表的元素可调出其详细设置对话框。在"布局"子选项卡中，最常用到的是"坐标轴"按钮下的相关选项，"设置坐标轴格式"的"坐标轴选项"中每一个设置选项都需要了解，如图5-35所示。

图5-35 "设置坐标轴格式"窗口

选中图表的任意元素后，即可使用"格式"选项卡设置其视觉格式，如图5-36所示。

图5-36 图表工具"格式"子选项卡

为了熟悉图表设置工具，请花一点时间做出图5-37中的各个图表。

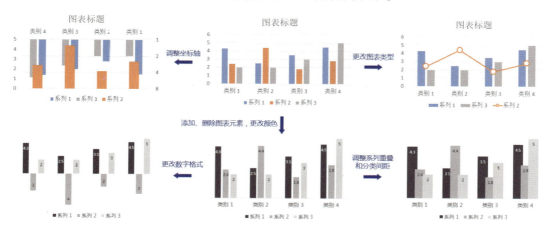

图5-37　图表工具支持的设置效果

利用辅助数据扩展图表类型

在PowerPoint所支持的73种默认图表的基础上，可通过添加辅助数据制作更多类型的图表。辅助数据是为了实现某种图表视觉效果所添加的额外数据，在图表中，辅助数据所对应的元素一般是隐藏的，用于占位。例如在前一节中，半饼图就可以利用饼图制作，如图5-38所示；粗边面积图则可使用折线图制作，如图5-39所示。

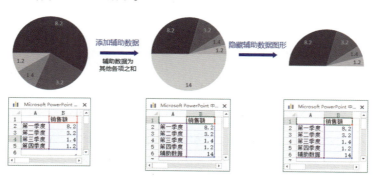

图5-38　利用辅助数据制作半饼图

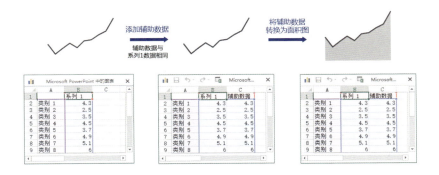

图5-39 利用辅助数据制作粗边面积图

图表叠加制作更多图表

很多图表可通过组合多个默认图表得到，如预算/实际比较图（使用辅助数据法也可以制作），如图5-40所示。

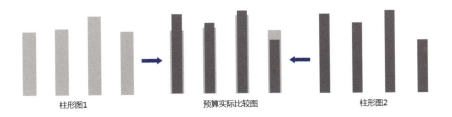

图5-40 预算/实际比较图

使用绘图工具制作图表

有些图表直接使用绘图工具绘制要比由数据生成更加快捷，比如堆积积木图，如图5-41所示。

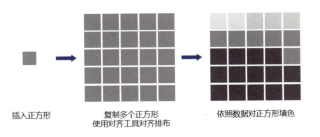

图5-41 使用绘图工具绘制堆积积木图

5.6 几种经典图表

除了上述四类基本的图表类型外,在咨询行业或分析报告中,还有一些广为使用的图表。这些图表大部分可通过四大基础图表衍生得来,并可通过5.5节介绍的四种方法来制作。

子弹图

子弹图用来展示完成值的等级评定及其与目标值的对比,如图5-42所示。

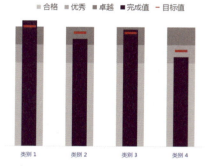

图5-42 子弹图举例

子弹图是一种衍生的柱形图,通过基本的图表设置即可制作,如图5-43所示。

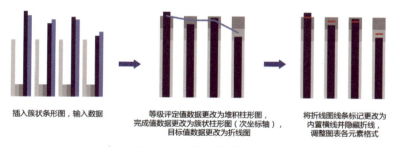

图5-43 子弹图的制作方法

与子弹图类似,滑块图也可由堆积柱形图通过更改图表类型的方法来制作,如图5-44所示。

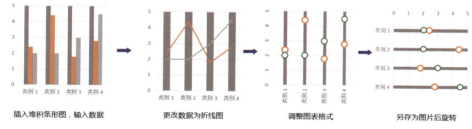

图5-44 滑块图的制作方法

瀑布图

瀑布图是用来反映一个数字到另一个数字的变化过程中正负因素的累积影响，如图5-45所示。与饼图、条形图等不同，瀑布图在表示构成关系时其构成中可以存在负值。

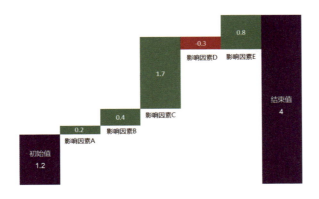

图5-45　瀑布图举例

瀑布图是柱状图的衍生，可通过辅助数据利用堆积柱形图制作，如图5-46所示。

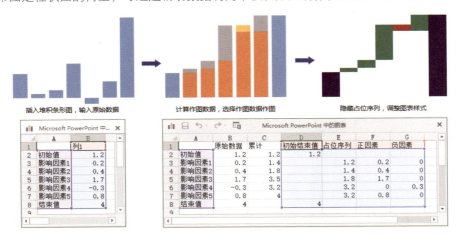

图5-46　瀑布图的制作方法

不等宽柱形图

不等宽柱形图可同时对比两个独立变量，例如在图5-47中，横坐标代表每种产品的市场占有率，纵坐标代表价格。

不等宽柱形图可通过堆积柱形图制作，其数据格式如图5-48所示。

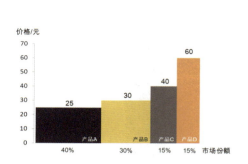
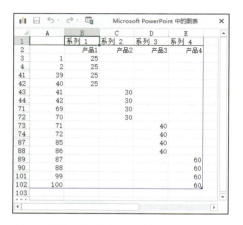

图5-47　不等宽柱形图举例　　　　图5-48　使用堆积柱形图制作不等宽柱形图的数据格式

气泡式地图

气泡式地图用来反映不同地区的数据差别，气泡的大小对应该地区数值的高低。气泡式地图是通过气泡图衍生而来，其制作方法如图5-49所示。

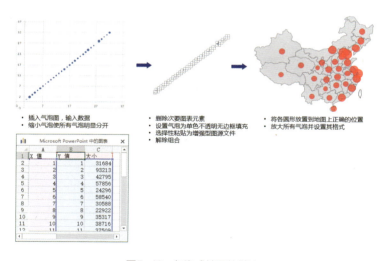

图5-49　气泡式地图的做法

可视化表格

当表格中具有多组独立变量时，很难将所有数据归纳到一个图表中，这时，可以对每组数据分别做成图表插入到表格中，如图5-50所示。

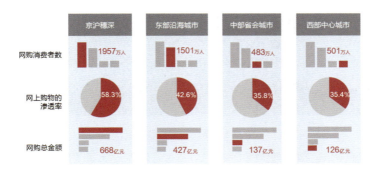

图5-50 独立数据表格的可视化（柱形）

对于大量数据，还可以使用Excel 2010表格的"条件格式"进行可视化，如图5-51所示。只需在Excel中选定数据，而后在"开始"选项卡"样式"命令区的"条件格式"中进行可视化设置，最后复制表格到PowerPoint中粘贴为图片即可。

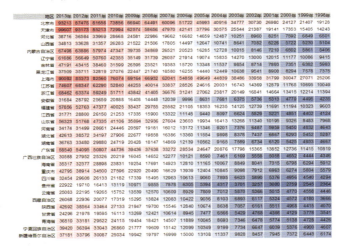

图5-51 使用Excel"条件格式"制作可视化表格

5.7 图表的美化

如5.1节中所述，通过简化图表提高图表的易读性和和谐配色提高图表美观度是图表美化的第一步，为进一步提高图表的视觉效果，我们还可以从以下四方面进行美化：**3D美化**、**填充形象化**、**轮廓形象化**以及**添加额外的装饰元素**。

3D美化是利用PowerPoint自带的3D图表替代平面型图表。使用3D效果能够大大提高图表的吸引力，如图5-52所示，但由于3D效果容易降低图表真实性和易读性，因此使用时应格外谨慎、适度。

图5-52　3D图表效果

填充形象化就是使用图片对图表中的数据对象进行填充。比如使用图片填充柱形图时，可首先使用组合键Ctrl+C复制要填充的图片或对象，而后选定一个柱形，再按组合键Ctrl+V进行粘贴即可，如图5-53所示。使用这种方法填充的图片默认是"伸展"的，即每个图形只填充一张图片且被拉伸至适合图形的比例，因此图片可能会由于拉伸而变形，这种情况可使用"层叠"填充避免，设置方法如图5-54所示，勾选"层叠"后，即可得到如图5-55所示的效果。

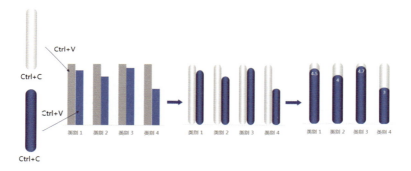

图5-53　图表的图形填充方法

图5-54　"设置数据点格式"对话框

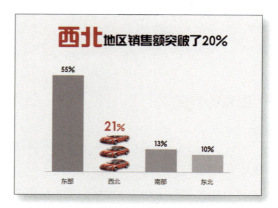

图5-55　图片填充数据点

但直接填充的图片无法平铺为纹理，因此填充对象的图片仅有一列。如果要填充多列，则首先需要将图表设置好后保存为emf文件，取消组合，而后在填充图片后将之平铺为纹理，如图5-56所示。注意，在进行图片填充之前，首先应将图片调整至合适尺寸。

直接使用图形填充常会切割图表最底部的图片，这不仅破坏了图表的美感，还降低了图表的精确度。为此，需要首先精确计算好完整图片所需的行数，而后手动添加图片至相应数目（可以用缩小的图片表示小数），完成的效果如图5-57所示。

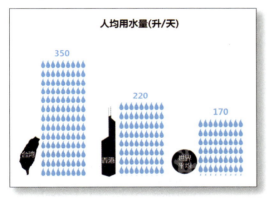
图5-56 多列图片的形状填充

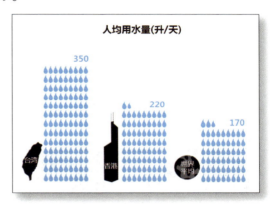
图5-57 改进的多列图片填充

轮廓形象化就是通过赋予图表形象化的轮廓对图表进行美化，如图5-58所示。与图形填充相比，这种美化方法形式更加新颖，但此类图表无法通过图表工具自动制作，而只能使用自定义图形手工绘制，且图表的精确度不高。

同样，图5-57也可使用轮廓形象化美化，如图5-59和图5-60所示。

图5-58 轮廓形象化图表（1）

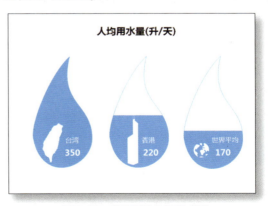
图5-59 轮廓形象化图表（2）

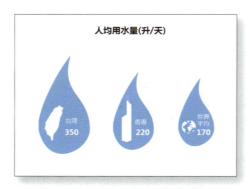

图5-60 轮廓形象化图表(3)

添加额外的修饰元素是在不改变原有图表形态的基础上,通过添加背景图片或者插图来美化图表,如图5-61和图5-62所示。若图片的视觉度过高,则应当注意使用图片虚化等手段突出图表,保证图表的易读性。

图5-61 背景填充修饰图表

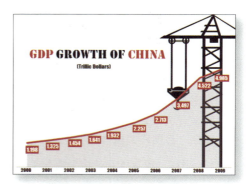

图5-62 使用插图修饰图表

5.8 图表的真相

图表是用图形展示信息的工具。图形之所以能够代表信息,是因为图形的长、宽、面积、颜色和相对位置等属性可以与信息的各种变量(如名称、数值大小、时间、位置等)构成对应关系。每一种图形属性可以表示一个变量,恰当地运用图形属性与信息变量的对应关系是制作新图表的关键。在图形的诸多属性中,用得最多的属性如下。

- **长度或宽度**。利用形状的长度或宽度代表数值的大小,如柱形图、条形图等。
- **坐标轴位置**。坐标轴既可以表示精确的数值,如图5-63和图5-64所示,又可以是定性的概念,如图5-65和图5-66所示。

图5-63 数字坐标轴

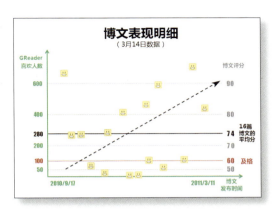

图5-64 数字坐标系

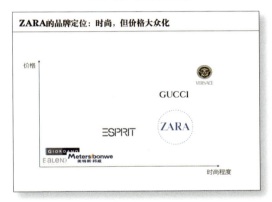

图5-65 非数字坐标轴与数字坐标轴结合
（图表来源：罗兰贝格某咨询报告）

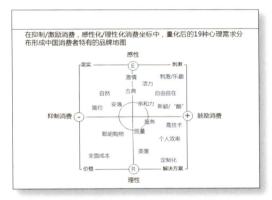

图5-66 两个非数字坐标轴得到的坐标系
（图表来源：罗兰贝格某咨询报告）

- **颜色**。利用不同的颜色可以区分不同的对象或数值的大小，如图5-67和图5-68所示。

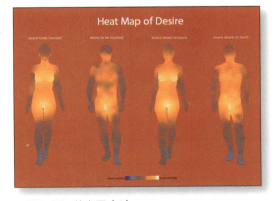

图5-67 热力图（1）
（图表来源：http://fleshmap.com/）

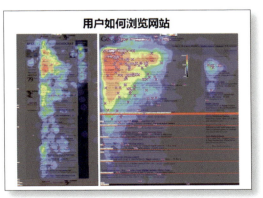

图5-68 热力图（2）

- **面积**。面积的大小表示数量的多少，如图5-69和图5-70所示。

图5-69 面积图（1）

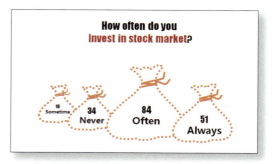

图5-70 面积图（2）

- **方向**。箭头的方向可以表示事件的进展及对象之间的逻辑关系，如图5-71和图5-72所示。

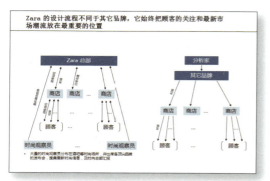

图5-71 方向维度表示相互关系
（图表来源：罗兰贝格某咨询报告）

图5-72 方向维度表示递进流程
（图表来源：罗兰贝格某咨询报告）

另外，通过对图形进行标注以及坐标系的叠加和联合，可以让图形获得新的属性。

但以上图表所用的对应关系较少（≤3），表达的含义有限，为了扩展图表功能，展现更复杂的信息，需要引入更多图形属性展现更多变量。

比如在气泡图5-73中，除了传统气泡图所利用的两个坐标轴位置和图形面积，还使用颜色表示不同时间的变化，箭头方向表示变化趋势，通过对文字标注区分不同的对象，通过插入树状图展示软件的性能。匡此，这个气泡图总计展现了七个独立的变量。

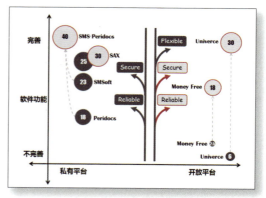

图5-73 以气泡图为基础的多重变量图
（图表来源：《餐巾纸背面》）

图5-74通过将多个维度的数据进行图形化，全面展现了拿破仑征俄战争。图表中作者至少同时使用了六种图形属性-信息变量对应关系：第一，线条的宽度表示当前军队的规模（宽度）；第二和第三，整个线条标明了军队移动所到之处的经纬度（两个坐标轴位置）；第四，以棕色代表前进，黑色代表撤退（颜色）；第五，在图表中标注军队在某些特定日期的所在地点；最后，通过叠加的折线图注明了撤退途中的温度变化。

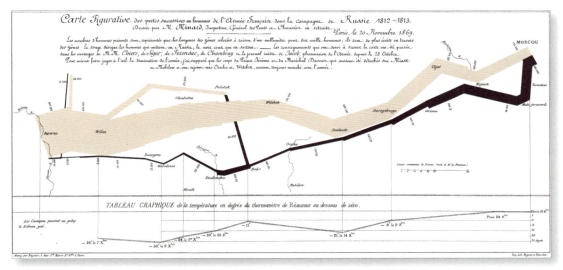

图5-74　拿破仑征俄图（Charles Joseph Minard，1861年）

5.9　启发图表制作的5个站点

以下网站或博客能够帮助你学习更多图表制作技巧、扩展图表制作思路，为你的图表制作提供更多灵感。

1. 图研所（http://www.tuyansuo.com/）

图研所是一个信息设计专业网站，收集通过图表展现信息的优秀设计作品。来这里可以看到很多质量极高、富有创意的图表，能够大大扩展PPT图表的制作思路。

2. Excelpro图表博客（http://excelpro.blog.sohu.com/）

Excelpro是国内著名的Excel图表博客，分享杂志级商业图表的制作技巧。博主的图表功力在国内无出其右，精读其博客可以显著提升图表制作水平。

3. Following Data（http://fllowingdata.com/）

FollowingData的博主是美国加州大学洛杉矶分校主攻数据可视化的博士研究生。博客内容主要是介绍各种新奇的数据图表。

4. Daily Chart of The Economist（http://www.economist.com/blogs/dailychart）

《经济学人》网站每天都会在这里张贴一款图表。作为顶级的商业杂志，《经济学人》的这些图表当然是简洁有力的，研究这些图表对于规范PPT的图表制作很有帮助。

5. Google公共数据库（http://www.google.com/publicdata/home）

Google推出的公共数据库通过各种数据图表呈现了这个星球上的很多重要数据，互动性很强，用户可以自主选择数据，生成其支持的各种图表。

第6章
图示表达

　　图示（Diagram）是指利用排版、几何图形等视觉手段，形象化事物间逻辑关系的工具。图示的制作就是对文本信息的深入挖掘和图形化展示，是每一个PPT制作者都必须掌握的基本能力。图示一方面让事物间的相互关系变得一目了然，如图6-1所示；另一方面又避免了过多文字带来的枯燥感，使PPT更美观、更具表现力。因此图示的制作就是解决两个问题：一、如何提取文字中蕴含的逻辑关系并依据其设计出合理的图示，二、如何美化图示使其更有魅力。

 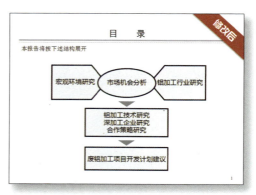

图6-1 逻辑图示与项目符号的对比

6.1 图示制作的三大误区

与图表的制作一样，图示的制作也需要满足真实、明确、易读、美观这四个基本要求，这些要求已经在第5章中详细说明，此处不再赘述。为了达到这四个要求，在制作图示时我们必须避开以下三大误区。

❶ **套用不合适的模板。** 真实正确的信息传达始终是PPT的第一要求，对美观性的考虑则永远排在最后，华而不实的PPT是浪费所有人时间的垃圾。套用网上下载的图示模板往往是产生垃圾的罪魁祸首。模板是有限的，但文字中的信息和逻辑总是千变万化、无穷无尽、与众不同的。因此，强行套用模板很容易使原有的逻辑关系发生改变甚至完全背离。别人的模板仅供参考，而在熟练掌握本书第2章和本章后，你完全可以随心所欲地制作自己真正需要的、独一无二的图示。

❷ **以图形为中心的设计。** 以图形为中心的设计是为了让图形看上去更美，这种策略会直接造成两个负面影响：一是图示的设计过分偏重形状、箭头等图形元素，为这些图形设置夺目的透明或高光等视觉效果，加重了读者的阅读负担而弱化了主要信息的表达；二是为了保证图形的美感，将文字标注在图形外部而不是直接置于图形之上，使得图示的易读性大大降低。图形只是对文本信息中逻辑关系的替代性表示，文字等信息才是承载图示信息的主体，因此图示设计必须以文字为中心，首先保证文字的易读性和信息传达，而图形元素的设计要保持克制，注意简化视觉效果，如图6-2所示。

❸ **过于复杂的设计。** 图示的制作是对文本信息的挖掘和视觉化，其本质目的是提高信息的传达效果。因此在保证真实准确的基础上，图示设计必须足够简单，以帮助观众更快地理解。过于复杂的图示设计，包括不必要地使用不同颜色、设置不必要的形状变化、展示不必要的关系等，非但无助于沟通，反而会成为交流的障碍，如图6-3所示。

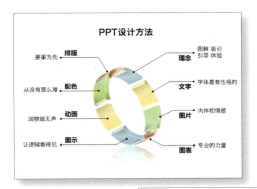

图6-2 左图：以图形为中心的设计；右图：弱化图形后的图示；下图：易读性最好的图示

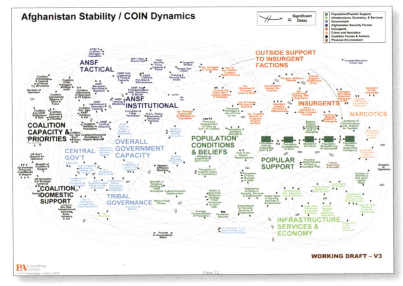

图6-3 过于复杂的图示设计

6.2 基本关系的图示化

在PPT中，各项目之间具有并列、主次/强调、对比、总分、递进、循环、等级、包含、因果和关联等基本关系，本节对于上述每一种关系都给出了相对应的图形表达以供参考。

并列关系

在并列关系中各事物间处于同一逻辑层级且没有主次之分。表达并列关系，就是将各个并列项目设计为等同的视觉格式（如形状、尺寸、配色、修饰等），若某一条目的设计明显区别于其他，则并列关系就会被打破。为了版式美观、阅读方便，一般会将各条目按一定次序排放规整，从而构成横列、纵列、矩阵和组合图形等图示形式。

项目符号

PPT中的项目符号是最简单的并列图示。使用项目符号表示并列关系是合适的，但PPT长期以来背上"降低沟通效率"的罪名，正是因为很多人过分依赖项目符号而造成以下三大后果：一、仅将项目符号看作段落区分符号，错误地用于表达其他逻辑关系；二、限制了思维的灵活性，妨碍对信息逻辑的深入挖掘；三、图版率太低、版式过于呆板，让页面看起来非常枯燥。因此对项目符号的使用必须小心慎重：仅用其表示并列关系，注意在各项目符号内进一步区别信息层次，灵活地排版以及适当使用相关插图，如图6-4所示。

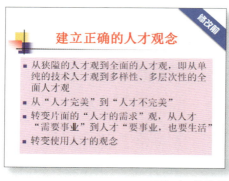 

图6-4　使用项目符号表示并列关系

横列式

横列式图示中各个项目是由上到下排列的。横列式图示特别适用于条目文字过多的情况。为防止横列式布局过于枯燥，可对每一个项目使用图标等插图作为修饰，如图6-5所示。

纵列式

纵列式中各条目是从左向右排放的。相对于横列式图示，纵列式的版式少了些呆板、多了些趣味性，如图6-6和图6-7所示，但使用纵列式时文字会产生更多断行，从而降低了阅读的流畅性，因此纵列式事实上更适合文字较少的情况。

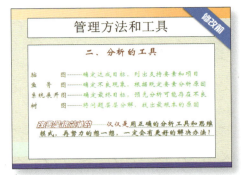

图6-5 横列式举例

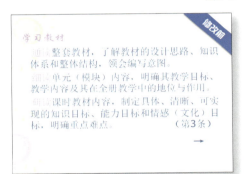

图6-6 纵列式举例1

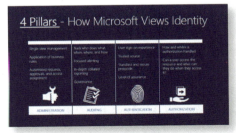

图6-7 纵列式举例2（选自Microsoft TechEd 2013 PPT）

矩阵式

矩阵式图示就是将各个条目填充到矩阵式表格的单元格中。相对于横列式和纵列式，矩阵式排版对空间的利用更充分，因而更适合用于条目多、内容多的情况，如图6-8所示。

组合图形式

组合图形式图示是利用图形完全等同的构成部分分别代表各个条目。与前面的三种图示相比，组合图形式图示强化了各组分构成"整体"的概念，且不同的图形还能赋予图示以不同的寓意，如图6-9所示。

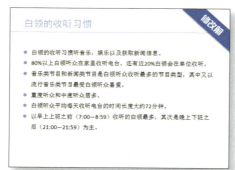
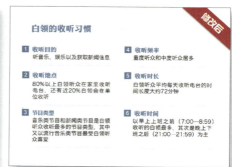

图6-8 矩阵式举例（@Lonely_Fish）

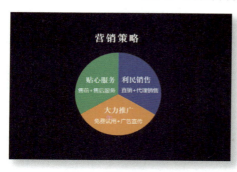

图6-9 组合图形式举例（右：@杨天颖GaryYang）

散列式

上述四种排列只是为了让各个条目看起来更有序，阅读更流畅。当项目不多、文字较少时，完全可以打破排列限制，灵活地安排各条目的位置，只要各条目视觉形式基本等同即可，如图6-10所示。

图6-10 散列式举例

主次/强调关系

在主次/强调关系中,各个事物所处的逻辑层级一致但地位并不等同。因此表达主次/强调关系,就是在各项目的形式保持一致的基础上,通过更改尺寸、更换颜色、添加修饰等方法提高所强调的对象的视觉度,以区分各项目的主次或强调关系,如图6-11所示。

图6-11 主次/强调图示(@无敌的面包)

对比关系

对比关系是指同一逻辑层级内两个并列项目相互冲突。表达对比关系可以直接采用具有两个项目的并列图示,也可以在两个并列项目之间添加箭头等元素以强调两者的冲突或对比。如图6-12所示。

图6-12 对比图示(@Lonely_Fish)

总分关系

总分关系是指上层级项目与相邻下层级多个项目之间的"一对多"归属关系。表示总分关系时,同一层级项目的设计形式是等同的,不同层级项目的设计形式则显著不同,上下层级项目间通过环绕排列、线条连接、相互靠近等方法确定归属,从而构成环绕式、树式、支撑式等图示形式。

环绕式

环绕式是表达总分关系最常用的图示形式,其设计就是将下层级条目在上层级条目周围环绕排列。环绕式的排版符合人类"总-分"直觉,但空间的利用率不高、项目文字无法沿直线对齐,因此环绕式总分图示适用于条目多而文段较短的情况。在条目很多时,下层级条目间距离很小,易产生拥挤感，此时可适当减少框线等图形元素，减少视觉压力，以突出文字、提高图示的易读性，如图6-13所示。

图6-13　环绕式封闭总分图示

当条目少而文段较长时，可以考虑减除密闭的框线以获得更多空间，如图6-14所示。

图6-14　环绕式开放总分图示

环绕图示容易扩展，添加子项即可得到多级的总分图式，如图6-15所示。

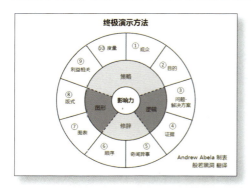

图6-15　多层级总分图示

使用半圆等扇形环绕可以弥补环绕图示新颖性的不足，如图6-16所示。

树式

在树式图示中，低层级的项目与上一层级项目之间使用直线、括号、箭头等元素连接，以确定相互归属。树式图示中，同一层级的各项目可以沿直线对齐，在获得更多空间的同时易读性更好，因此树式图示适用于文段较长或层级较多的情况。树式图示适当简化后更易读，如图6-17所示。

图6-16　环绕式封闭总分图示

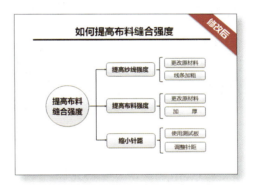

图6-17　树式总分图示

支撑式

支撑式图示是树式的变形，它省略了连接不同层级项目的线条等元素，而是用图形间视觉上的支撑效果表示归属关系，如图6-18所示。相对于树式，不同层级之间的归属感减弱了，但空间的利用率更高，因而更适合用于条目文段很长的情况。

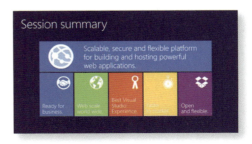

图6-18　支撑式总分图示（右：微软官方）

等级关系

在等级关系中，各个项目处于同一逻辑层级内但其物理或逻辑位置有上下高低之别。与总分关系的区别在于，等级关系中的上下等级条目之间不必具有逻辑上的归属关系。

金字塔式

表达等级关系最常用的图形元素就是金字塔。在金字塔图示中，各项目的等级从上向下逐渐降低。使用金字塔图示意味着金字塔底部项目对金字塔顶部项目具有支撑作用，如图6-19所示。

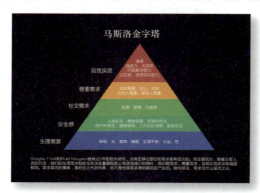
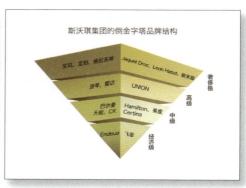

图6-19　金字塔式等级图示

透视展开式

透视展开式是将各项目按照级别由低到高的顺序自下而上依次排开，并辅以立体透视效果，如图6-20所示。

递进关系

递进关系是指各个项目在时间或者逻辑上具有先后顺序。表达递进关系可以在并列图示的基础上，通过使用数字或箭头、阶梯等图形区别项目发展的前后，如图6-21和图6-22所示。

图6-20　透式展开式等级图示

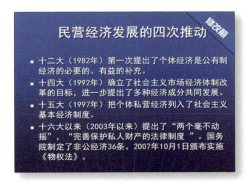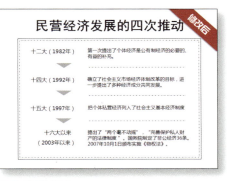

图6-21 使用箭头表示时间的推进

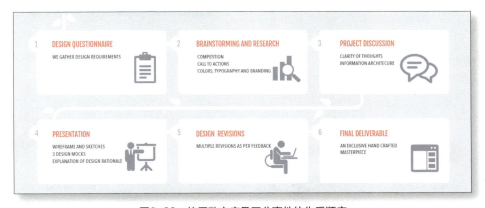

图6-22 使用数字序号区分事件的先后顺序

时间轴（线）

时间轴主要用于表示时间事件的先后顺序。时间轴的主体是一条带有箭头的直线或曲线，使用圆形、纵切线等标记时间节点，如图6-23所示。

图6-23 线形时间轴举例

使用二维的箭头代替一维的线条，就可以专门为时间文字腾出空间，如图6-24所示。

区间型时间轴淡化了时间节点，常用于表示时间区间，如图6-25所示。

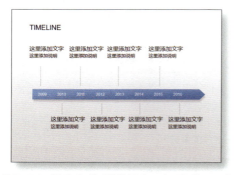

图6-24　箭头式时间轴举例（@大乘起信_vht）　　图6-25　区间型时间轴举例（图示设计：@无敌的面包）

阶梯式

阶梯状地排列各个项目就会得到阶梯式递进图示，用于展示"发展阶段"等主题，如图6-26和图6-27所示。

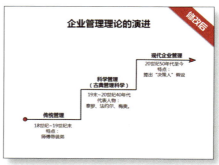

图6-26　阶梯式递进图示举例（1）

图6-27　阶梯式递进图示举例（2）

循环关系

递进关系的首尾两端相连时就构成了循环关系。因此表达循环可简单地使递进图示首尾相连,如图6-28所示。但使用圆环或圆圈来表达循环是更符合人们的认知习惯和直觉的,而相对于环形循环图,线形循环图更简单明了且排版灵活,表达项目复杂的循环关系时也更有优势,如图6-29所示。

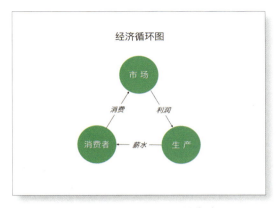

图6-28　循环关系图示举例（1）

图6-29　循环关系图示举例（2）

包含关系

若两个项目为包含关系,则一个项目在逻辑上为另一个项目的子集。表达包含关系的要点是子项目的图形要处于代表其母项目的图形的内部,其中,经常用到的图示有圆环式和韦恩式。

圆环式

圆环式图示用于表示集合之间的完全包含关系。在圆环式包含图示中,各圆要么同心,要么相切。除了相切圆所表达的包含意义,同心圆还有深入或者递进的意味,如图6-30所示。

韦恩式

韦恩式图示用来表示两个或多个集合之间的部分包含关系,集合图形重叠的部分代表交集,如图6-31所示。

图6-30 圆环式递进图示举例

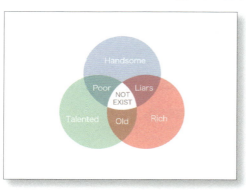
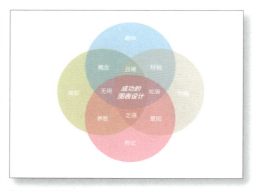

图6-31 韦恩式包含关系图示举例

普通式

事实上包含关系的图示化是非常灵活的，不必拘泥于圆形，各种复杂的包含关系都可以通过形状的交叠来表现，如图6-32所示。

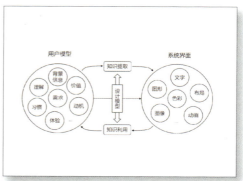

图6-32 普通式包含关系图示举例

因果图示

因果关系包括一因对一果、一因对多果、多因对一果及多因对多果等。因果图示的设计，就是在原因与结果之间添加由因到果的箭头、渐变等图形。简单的因果关系可直接使用递进图示，或者在总分图示的基础上添加箭头，如图6-33所示。在表达造成某事件的多重原因时，还可使用鱼骨图，如图6-34所示。

图6-33 基于形状和箭头的因果关系图示

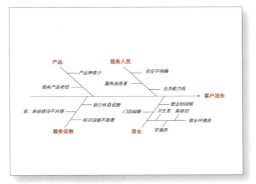

图6-34 鱼骨图

关联关系

在关联关系中，项目之间具有单向/双向联系、通信、作用或影响。表达关联关系时，使用线条或箭头将项目连接起来，然后再线条或箭头上加入对关系的描述即可，如图6-35所示。

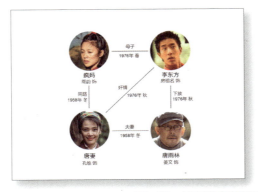
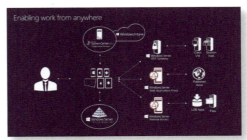

图6-35 关联关系图示举例（右：Microsoft官方）

除了上述十种基本关系，还有一些关系和过程有了一些程式化的图形表达，比如用太极表示两者融合，如图6-36所示；用齿轮表示联动，如图6-37所示；用锁链表示连接或薄弱环节，如图6-38所示；用跷跷板或天平表示比较或平衡等。

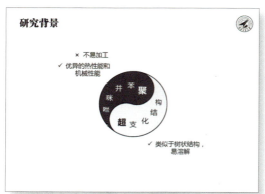

图6-36　太极图示表示两者融合　　　　图6-37　齿轮图示表示联动

图6-38　锁链图示表示连接

关于SmartArt

PowerPoint 2007及以上版本中配备了SmartArt图形工具，使用SmartArt可以快速创建很多常用的图示（参见图6-39）。

虽然SmartArt图示的视觉效果通常达不到直接可用的程度，复杂一些的图示也无法直接生成，但SmartArt确实能为图示的制作提供参考，减少绘图时间。比较聪明的做法是在SmartArt生成图形的基础

图6-39　使用SmartArt可以插入一些常用的图示

上继续编辑，以符合使用要求：插入SmartArt图示后，在"SmartArt"工具的"转换"中（参见图6-40），将SmartArt转换为形状，而后手动编辑。

6.3 复杂关系的图示化

在掌握了上述十种基本关系的图示化后，就可以利用这些基本关系图示展示更多信息了。比如将任意两种基本关系图示相结合就可以得到更复杂的图示，如图6-41和图6-42所示。

图6-40　将SmartArt转换为形状

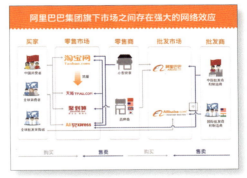

图6-41　两种基本关系图示的结合举例（1）（临摹作品，左：ExamineChina.com；右：阿里巴巴IPO路演资料）

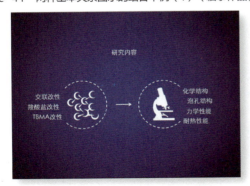

图6-42　两种基本关系图示的结合举例（2）

事实上，无论事物之间的关联有多么复杂，都可以分解为上述十种基本逻辑关系。再复杂的流程图也可以在递进图示的基础上结合其他关系图示来制作，如图6-43所示。

如果由于排版原因不便于将几个基本关系结合成一个复杂的图示，那么还可以借助动画依次表现这些基本关系，如图6-44所示。

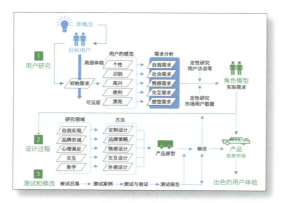

图6-43 流程图

图6-44 用动画连接多个图示

6.4 图示的美化

如果你不仅希望用图示把道理说清楚，还希望图示的内容让人印象深刻，那么除了需要掌握各种关系的图示化表达，还需要用到以下四大技巧：**差异化**、**图标化**、**背景化**和**场景化**。

差异化意味着图示的形式要不拘一格，与众不同。相对于烂大街的图示化方法，新颖的设计无疑更吸引眼球，如图6-45所示。本章6.2节对每种基本逻辑关系都给出了参考图示，而实际上图示的设计和制作完全不需要限制于此。如果对现有表达效果不满意，那么直接更改图示类型要比做细微的修饰美化有用得多。差异化图示设计能力不是一朝一夕就能拥有的，除了要真正熟悉基本的图示化方法，还必须在平时制作图示时克服思维懒惰，注意思考不同的表达方法。

图标化就是为图示添加图标。尽管图示本身就包含各种图形，然而为了防止以图形为中心的过度设计，我们设置图形视觉效果时又必须保持谨慎和克制，这一方面保证了文字的易读性，另一方面损失了图形的视觉度，容易使图示显得枯燥无味。为防止这种情况发生，为图示添加图标往往立竿见影：图标一方面提高了图版率，让图示看起来更生动；另一方面图标作为突出关键词的视觉符号，起到了加快、加深观众理解和记忆的作用。本章大量的案例都运用了图标化的方法，下面再举两例，如图6-46所示。

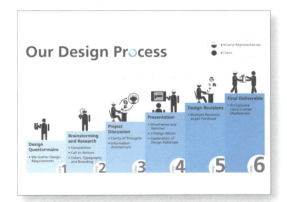 

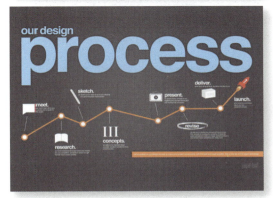 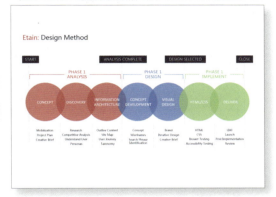

图6-45 流程图的差异化表达

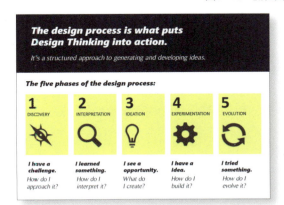 

图6-46 图标化图示举例（右：微软官方）

背景化是指为图示添加切题的背景。与图示主题贴切的背景在大大提高了图版率的同时，

127

又能起到烘托主题的作用，增强PPT的情感体验。为了不让图片过于分散观众注意力，利用背景化方法时，要么选择视觉度低、留白多的图片，要么通过滤镜效果降低图片的视觉度。如图6-47所示。

（@邓稳PPT）

图6-47　背景化图示举例

场景化是直接利用图片中事物已有的逻辑关系，直接在图片上引出图示，如图6-48所示。场景化图示先天是以图片为中心的，它在很大程度上降低了观众对文字的专注度，牺牲了文字的易读性，因此在图片的选择和文字的处理上更加苛刻。另外，由于图片不一定与预想图示完全相符，很多情况下需要修改甚至自己制作适合的配图，这在很大程度上增加了场景化图示的制作难度；最后，场景化图示在很多人看来是不够正式的，因此在制作之前必须慎重考虑观众的品味和接受程度。

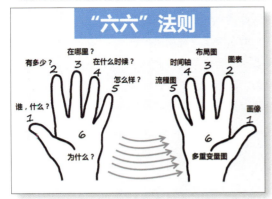
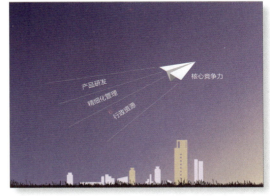

图6-48 场景化图示举例

第7章
解密动画

相对于制作图表或绘制图形，使用PowerPoint制作动画恐怕是技术难度最高的。

首先，动画种类繁多，除了页面切换动画，仅针对各种对象的动画就包括进入动画、退出动画、强调动画和路径动画四个大类，每个大类又包含几十种的动画；其次，为了得到一个令人满意的动画效果，常常需要对这些动画进行复杂的叠加，除了要挑选适合搭配的动画，还要对各个动画的进出时间和动作长短进行细致的调整，且往往差之毫厘而谬以千里，因此得到一个令人满意的动画需要经过反复的测试，制作过程比较烦琐；再次，除了掌握各种动画设置选项和动画的叠加，很多动画效果在制作过程中还需要用到特殊的图片素材，而找到或制作这些素材同样需要付出很多的时间和精力；而最困难的是，尽管PowerPoint的动画功能有其方便、独到之处，但很多基本动画效果仍缺少简易的实现方法，如3D旋转、变形效果、随机动画、帧动画循环以及在动画中改变对象的层次和解除组合等，因此要求在制作动画时寻找近似或替代方案，技巧性很高。

好在99%的用户并不把PowerPoint当成动画制作工具，对绝大多数用户来说，最迫切和最实惠的是掌握让人舒服的、偶尔让人眼前一亮的、能为演示加分的动画技能。而要达到这样的要求，掌握本章的内容已绰绰有余。

7.1 动画的作用

动画之所以能为演示加分，是因为恰当、精彩的动画能够发挥四个至关重要的作用：解释说明、强调和引导、塑造体验、灵活排版。

解释说明。相对于文字、图示、图表或者图片等静态内容，动画无疑更简洁、直观、生动，它能够对事物的运行原理进行最大程度的还原，帮助观众理解事物的本来面貌。

强调和引导。动物对运动和变化具有高度的敏感性，在PPT中没有什么能比动画更能抓人眼球。因此，我们可以通过放大、变色、闪烁等动画对页面中的个别内容进行强调，利用内容的逐次出现引导观众跟随和理解演示者的进度和思路。

塑造体验。动画能够让PPT更精致、更丰富、更真实、更震撼，从而潜移默化地向观众输出感性体验，帮助演示者获得情感认同。

灵活排版。动画赋予排版更大的灵活性，通过退出或覆盖不再需要的内容可以为新的内容提供更多空间，大大降低了页面内容过多时的设计难度，让PPT看起来更干净、简洁。

7.2 动画的要求

为了更好地完成使命，动画效果需要满足**有效**、**自然**、**流畅**、**精致**四个要求。

有效是指动画的设定要有明确动机，不能随意，动画效果必须与演示者的动机相符。在动画设定之前必须首先考虑是否有设置动画的必要性，预期的动画效果如何，以及该动画会对观众产生何种影响，应该弱化的内容其动画效果需要柔和，应该强调的内容则动画效果必须突出。

自然是指动画效果不能让观众产生"刻意为之"的感觉，而应该给人留下"本该如此"的印象。动画效果必须是让人舒服、符合经验和直觉的，比如细长的对象用擦除动画进入是符合经验的，圆形的对象用轮子动画进入也是符合经验的，但反过来就会让人别扭。此外，速度过快、过慢或效果夸张的动画都容易造成不自然的感觉。

流畅是指动画效果行云流水，不停顿拖沓。除了选择流畅度比较高的动画，做到流畅还要注意以下三点：一是动画在自然的基础上要尽可能短，一般来说比较小的对象出现动画不要超过1秒；二是在若干对象依次出现时，相邻两个动画的执行时间要有所重叠，切忌上一个对象动作完全结束之后才开始执行下一个动作；第三，在对象比较多时可以让多个对象同时出现，缩短动画的总耗时。

精致是指动画的细节丰富。丰富的细节一方面可以让动画更加自然、真实，另一方面可以大大增强动画效果的吸引力，达到突出重点的目的。丰富的细节包括快速进入后的回弹，碰撞时产生的震荡等。

7.3 动画的三种类型

按照使用目的不同，PPT中的动画可分为三种类型：**基础动画**、**强调动画**和**体验动画**。

基础动画用于解释说明以及引导观众按照预定的顺序阅读PPT，它包括内容的进入和退出、机理的解释和逻辑的串联，是PPT动画的主体。基础动画应特别注意做到柔和、自然、简约、流畅，以减轻观众的阅读压力。

强调动画用于强调内容中的关键与重点，是PPT动画的点睛之笔。对于强调动画，醒目、干脆、精致这三点最为重要，以在保持阅读舒适感的前提下，确保观众能够特别注意到关键信息。

与前两者不同，**体验动画**针对的是主要内容以外的修饰性内容，包括片头动画、转场动画和背景动画等。片头动画是为了让观众能够从演示以外吸引到PPT上来，营造对于演示的第一印象，因此需要醒目、精致，并富有美感。背景动画是在不影响内容表达的基础上同时提升PPT的美感和真实感，所以必须足够自然、柔和。体验动画是PPT动画的最细枝末节，它不是必须的，但往往细枝末节才最动人。

现在的问题是，PPT的动画功能到底是如何操作的?我们这就从零开始。

7.4 动画的基本设置

微信扫码看视频

根据动画效果，PowerPoint将动画分为四类：进入动画、强调动画、退出动画以及路径动画。进入动画是让对象从无到有，退出动画是让对象从有到无，强调是让对象发生某种变化，路径动画则是让对象按照规定的路线移动。注意，PPT中每一个对象都可以同时设定多种动画，而将多种动画进行叠加、衔接以及组合，就能得到的千变万化的动画效果。

如何添加一个动画?

❶ 选定一个对象，在"动画"选项卡中单击"添加动画"按钮，即可为此对象添加各种动画。PowerPoint 2010的动画选项卡中预设了很多动画，如果一个动画在被选定状态时又直接选择了一个动画预设，则该动画就会被预设动画所替换。

❷ 有一些动画在动画预设中并不能直接看到，这时需要单击"添加动画"按钮，进入"更多效果"对话框。

❸ 对多个动画进行管理和设置时需要单击"动画窗格"按钮，打开动画窗格（在PowerPoint 2003中，需要首先选定一个对象右击，打开"自定义动画"后才能出现动画窗格以及添加动画）。

❹ 在PowerPoint 2010中，很多更早版本中显示的动画被隐藏了，如闪烁一次、层叠、翻转等。本书配套资料包中提供了一个PowerPoint 2010的隐藏动画库，只需在其中找到需要的动画后选定该对象，再单击"动画"选项卡的"动画刷"按钮，在找到将要设置动画的对象后单击即

可。需要注意的是，即使一个对象已经设置了其他动画，但使用动画刷后，该对象先前的动画也都会消失。所以要先用动画刷，然后再设置其他动画。

除了隐藏了部分动画，PowerPoint 2010还改变了一些动画的名称，你可以在附录E中查看这些更改。

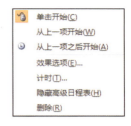

图7-1　动画下拉菜单

动画的操控方法

在动画窗格中，选择一个动画，单击右边的下拉箭头，弹出的菜单如图7-1所示。

这个菜单非常重要，每一项命令都必须完全掌握。

❶ **"单击开始"**。只有在多单击一次鼠标之后该动画才会出现。比如想要让两个对象逐一顺序显示，单击一次出现一个，再单击一次再出现一个，那么两个出现动作都应该选择"单击开始"动作选项。

❷ **"从上一项开始"**。该动作会和上一个动作同时开始。比如把第一个对象设为"单击开始"，第二个对象设为"从上一项开始"，那么单击一次之后，两个对象的动画会同时进行。

❸ **"从上一项之后开始"**。上一个动画执行完之后该动作就会自动执行。对于两个对象，如果第二个对象选择了这个选项，那么只需单击一次，两个对象的动画就会先后逐一进行。

❹ **"效果选项"**。单击此命令会打开"效果"选项卡。在这里，可以对动作的属性进行调整。对于不同动作，此选项卡的内容会有些差别。比如"飞入"动画的选项如图7-2所示。

需要解释的是"平滑开始"、"平滑结束"及"弹跳结束"这三个选项。

- **"平滑开始"**。该动作的速度将会从零开始，直到匀加速到某一速度。如果此选项设定为0秒，则动作将一开始就以最大速度进行。

- **"平滑结束"**。与"平滑开始"类似。该动作将会从某一速度逐渐减速到零。如果此选项设定为0秒，则动作在结束之前，速度不会降低。

- **"自动翻转"**。此选项规定动画执行完成之后按相反的路径返回。

- **"弹跳结束"**。该动作将以多次反弹后结束，就像一个乒乓球落地一样，反弹幅度

图7-2　"效果"选项卡

的大小取决于反弹结束的时间。

- **"声音"**。允许对每一个动作添加一个伴随声音。
- **"动画播放后"**。可以选择让对象执行动画后变为其他颜色。
- **"动画文本"**。当对象为文本框时，规定该对象中的所有文本是作为一个整体执行动画还是以单词或者字符为基本单元先后执行动画。

❺ **"计时"**。本选项卡可以对动画执行的时间进行详细的设置，如图7-3所示，比如动画的触发方式、动画执行前延迟的时间、动画的执行时长、动画的重复次数，以及指定动画的触发器。"期间"（动画执行时长）可以任意设定，并可精确到0.01秒，"重复次数"也可以任意指定，同样可精确到0.01秒。"播放完快退"可以让对象执行完动画后回到执行前状态。

❻ **触发器**。PPT中一个动作只有经过某种触发后才会执行。在默认状态下，动作选定的是"部分单击序列动画"选项，此时该动画通过单击一次鼠标触发；而如图7-4所示，在"单击下列对象时启动效果"中指定某个对象后，则此动作只有在鼠标单击该对象时才会触发。一个触发器可以同时触发多个动作，一个对象的不同动作也可以被不同的触发器触发（详见配套资料包中的示例）。触发器的设置主要应用在具有交互性设计的PPT中。

图7-3 "计时"选项卡

图7-4 触发器的设置

❼ **"正文文本动画"**。在本选项卡设定动画为按段落执行后，可在"动画窗格"中对文本框各个段落的动画时长、延迟时间、触发器等单独进行调整，如图7-5所示。

❽ **"隐藏/显示高级日程表"**。高级日程表会以甘特图的形式详细显示每一个动画的执行次序和时长。在高级日程表中，可以直接通过拖动鼠标更改动画的延迟时间和执行时长，非常方便。

数据图表的动画

值得注意的是，除了文字和图片等对象，PowerPoint 2010还支持为数据图表添加动画。只需选定图表中任意元素，添加需要的动画，而后在"图表动画"选项卡里，即可对图表的动画进行设置，如图7-6所示。其中，"组合图表"选项可以固定图表中元素播放的顺序，"通过绘制图表背景启动动画效果"决定是否为图表的坐标轴等添加动画。

图7-5 "正文文本动画"选项卡　　　　图7-6 "图表动画"选项卡

在"动画窗格"中，单击每组图表动画下面的下拉箭头，则会出现图表中所有对象的动画，如图7-7所示。在这里，每一个元素的动画都可以像独立的对象一样单独修改属性和更改时间等。

除了Excel和PowerPoint中生成的图表，其他软件所生成的图表同样可以添加动画效果：首先在软件中将其图表另存为wmf或emf格式，而后插入到PowerPoint中，对其"解除组合"，打散为自定义图形，而后为图表元素添加动画即可。

图7-7 编辑每一个图表元素的动画

动画操作提速

在设定动画时，注意利用以下四个小技巧能够大大方便和加快动画的制作效率。

动画刷。使用动画刷能将一个对象的所有动画效果直接复制到另一个对象上，从而大大减少重复性的动画设置工作。

图片替换。将一张图片的所有动画复制到另一张图片上还可以利用图片替换功能。只需在选

135

中具有动画效果的图片后，用"图片工具栏"菜单的"更改图片"命令将原图片替换成自己的图片即可。与动画刷相比，图片替换后，图片与其他对象动画的时间关系保持不变。

批量操作。PowerPoint允许同时修改多个动作的同一属性。在动画窗格中，选定多个动画后（按住Ctrl键），即可同时设定这些动画的持续时间和激发方式等。

使用动画窗格和高级日程表。动画的执行先后可直接在"动画窗格"中上下拖动，动画的持续时长和延迟时间则可在"高级日程表"下通过拖动鼠标进行调整。

7.5 基本动画解析

问题又来了，如何选择动画？或者说，什么样的动画才是合适的呢？一个动画给人的感觉可分为三个方面：自然或者刻意、干脆或者邋遢、温和或者醒目。对于对象的进入，我们一般倾向于选择自然又干脆的动画，而后按照动画的意图，再从中选择醒目或者温和的动画。一般来说，动画形式越是符合平时的经验，则看起来越自然；动画的运动路径越简短，则给人的感觉越是干脆；相比由小变大的动画，由大变小的动画更吸引眼球。

进入动画

尽管不同的人对同一个动画的感觉会有所差别，同一个动画在不同的执行时长及应用到不同对象上时给人的感觉也存在不小的差异，但在动画时间一致的前提下，进入类动画的性格大致符合图7-8所示。在图7-8中，越是靠近右上角，则动画越是自然干脆，而越是靠近左下角，则动画越让人感觉刻意拖沓。

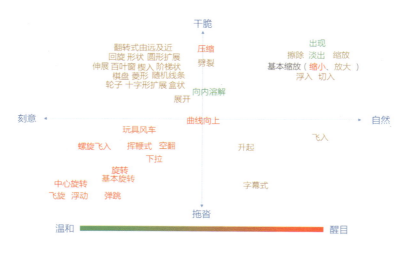

图7-8 "进入动画"性格解析

新手的动画之所以让人不舒服，就是因为他们总是有意无意地选择图中左下角的动画，而恰恰相反，根据动画有效、自然、流畅、精致的要求，PPT中对象的进入动画应尽量在图7-8的右上象限中选择。

① **出现**。出现动画就是让对象瞬间出现。它的效果最简单基础，也最容易让人忽视。如果在对象出现时不希望喧宾夺主吸引太多注意，那么出现就是很好的选择。如果使用出现动画自动连续显示多个对象，则动画必须添加延迟时间，以免在动画时间轴上产生多段空白，造成不流畅的感觉。

② **淡出**。淡出是让对象渐隐或缓现。与出现动画相似，淡出同样是温和又不吸引人注意的。但淡出可以设定执行时长，因此连续出现多个对象时，它允许时间轴的重叠而不会造成卡顿感。

③ **擦除**。擦除动画像是刷子连续刷过纸张而留下痕迹一样，对线条使用擦除动画会让它看起来像慢慢生长和增长的。擦除效果符合人类的经验和直觉，给人的感觉是自然而又流畅的。擦除动作仅能沿着直线向一个方向进行，因此封闭的曲线，单辐轮子动画的效果会更好。

④ **缩放**。缩放动画让对象看起来是由小变大或由远到近地出现，这种出现方式是最符合经验和直觉的，给人的感觉最自然和舒服。对多个对象使用缩放顺序出现时，适当叠加时间轴会给人行云流水的顺畅感。缩放动画只适用于显示一些小的对象，当对象过大时，时间短则不自然，时间长则显拖沓。

⑤ **基本缩放**。基本缩放有多种效果选项，其效果可以从小到大，也可以从大到小，如图7-9所示。缩小效果下的基本缩放看起来自然、干脆又非常醒目，这时对象会像盖章一样从大到小地从屏幕外部飞进来。在自然又干脆的动画中，基本缩放对对象的强调效果是最明显的。

⑥ **切入**。切入动画融合了擦除和飞入动画的特征，但相比飞入动画，切入动画的运动距离很短，显得干脆很多。

⑦ **浮入**。浮入动画给人的感觉与切入相似，它结合了飞入和淡出动画的特点，看起来比较干脆、自然。

⑧ **飞入**。飞入动画是让对象从页面外直线运动到当前位置。在停止运动之前，对象一般会运动一段很长的距离，给人的感觉比较拖沓，因此，在一般情况下，不推荐使用飞入作为进入动画效果。

⑨ **轮子**。轮子动画是以对象中心为圆心，按照扇形擦除对象，适用于出现封闭或者半封闭的曲线。轮子动画的擦除只能从12点方向开始顺时针进行，不能直接指定擦除方向和起始角度。好在擦除角度可通过以下方法灵活改变。

图7-9 "基本缩放"效果选项

首先旋转对象，将其擦除的起始位置与12点方向对齐，并记录旋转角度，而后为动画添加"轮子"动画和"陀螺旋"（强调动画），两个动画同时进行，最后将陀螺旋的执行时间设定为0.01s，角度设定为记录角度，旋转方向与之前的操作相反即可。用同样的方法，擦除动画的擦除方向也可以任意更改。

限于篇幅，本节不再讲解其他动画，建议读者自己动手研究每一种进入动画的效果，因为无论哪种动画效果都可能应用到一些修饰性的动画中，忽视其中的任何一种都有可能在将来造成损失。

退出动画

退出动画的数量与进入动画完全相同，每一种进入动画都有一种退出动画与其完全对应，即退出动画效果就是进入动画效果的倒行。但各个退出动画与其对应的进入动画相比，给人的感觉有些不同，如图7-10所示。

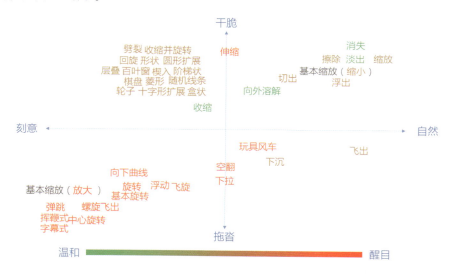

图7-10　"退出动画"性格解析

在多数情况下，我们使用退出动画是为了给新对象的进入提供空间，或者强调新进入的对象，因此，大多数情况下退出动画的选择应尽量自然、干脆和温和。

强调动画

强调动画可以让对象的某种特征（如大小、颜色、边框、透明度、旋转角度等）发生短时间或长久性改变，对象在执行强调动画前后是一直存在的。强调动画不一定适合直接用于强调某个对象，因为大部分强调动画的变化都比较细微，难以带来显著的吸引力。强调动画能让对象任意发生旋转、放大、变色、透明而又不影响进入与退出，因此与其他动画叠加会得到无穷无尽的动画效果。在24种强调动画中，最常用到的反而是效果最基础的。

① **陀螺旋**。陀螺旋是PPT中唯一能够设定旋转角度和旋转方向的动画，它是绕着对象的中心旋转的。

要想改变其旋转中心点，则需要在新中心点的对称位置复制一个完全透明的对象，组合两个对象之后再设定陀螺旋动画即可。用同样的方法，还可以更改缩放（进入动画）和放大缩小（强调动画）的缩放中心。

② **放大缩小**。放大缩小是PPT中唯一能够任意设置对象放大和缩小倍数的动画，而且还可以设定水平、垂直或两者在两个方向上放大或者缩小。

对象在放大时容易产生锯齿，为了避免锯齿的产生，首先需要将对象设置为放大后的尺寸，而后执行缩小动画，最后再通过放大动画恢复到起始大小。

③ **透明**。透明动画是能够任意设定对象透明度的动画。对象的透明动画在执行透明后默认保持透明度直到幻灯片末尾，但用户可以任意设定透明持续的时间，并在时间结束后恢复至动画执行前的状态。

④ **对象颜色/线条颜色/字体颜色**。这三种动画能够分别将对象的填充色、对象的线条色及文本的颜色改变为任意指定颜色。动画执行后，其颜色不会恢复原貌。

⑤ **脉冲**。脉冲结合了放大缩小和透明两种强调动画的特点，效果表现为首先对象尺寸稍微放大的同时变得透明，而后反向进行直到恢复原貌。脉冲动画看起来很自然，比较适合在几个并列的对象之间强调某一个，但不适合将本不明显的对象从环境中凸显出来。

⑥ **闪烁**。进入、退出和强调动画都有闪烁动画，其中进入动画的闪烁是让对象出现后经历执行时间而后消失；退出动画是让对象在前一半执行时间内消失，在后一半执行时间内出现并停留，最后消失；强调动画与退出动画类似，只是执行时间过后对象不消失。使用闪烁动画能够解决PPT中逐帧动画的循环问题。

路径动画

路径动画能够让对象按照任意路径平移：路径可以是直线、曲线、各种形状或者任意绘制，除非叠加了其他动画，否则对象在路径动画中不会发生旋转、缩放等变化。

除了直线，路径动画中用得最多的是自定义路径。自定义路径的使用与PPT中任意多边形的绘制方法完全一致，这里不再赘述，值得注意的是，路径动画中的效果选项是非常有用的，如图7-11所示。

- **路径的锁定与解锁**。锁定后的路径就像被钉在页面上一样，即使拖动对象，路径的位置也不会改变。

- **编辑顶点**。可以对路径进行调整。路径顶点编辑方法与自定义图形工具基本相同，如图7-12所示。

- **反转路径**。对象移动按路径反向。

图7-11 路径动画中的效果选项

图7-12 路径动画中的"编辑顶点"选项

在PowerPoint 2010及之前的版本中,对象执行路径动画后其最终位置没有预览,所以要想让对象准确地到达预定位置,是需要估计和多次尝试的。而PowerPoint 2013已经拥有了路径预览功能,大大方便了路径动画的制作。

7.6 动画的扩展

PPT动画之所以让很多人着迷,是因为PowerPoint的动画功能具有很强的扩展性,在上述基本动画的基础上,通过以下方法就可以获得无穷无尽的动画效果。(请打开随书附件中的"动画示例"查看本章案例。)

动画的小数重复

PowerPoint动画的重复次数设定为一个小于1的小数时,动画会在进行中途停止并保留停止时瞬间的中间状态。使用这一技巧可以大大扩展动画的种类。

当重复次数小于1时,退出动画的效果就等同于强调动画。例如,利用这一方法可以实现轮子动画的逆时针擦除效果,其制作方法如下。

❶ 选中对象,设置其进入动画为"轮子"。
❷ 再次为对象添加"基本旋转"(退出)动画,设定其重复次数为0.4,执行时长0.01秒,并与轮子动画同时进行,如图7-13所示。

事实上,利用"基本旋转"动画的小数重复,结合陀螺旋动画,可以实现对象任意角度的翻转效果,其制作方法如下。

❶ 复制一个对象,将其放置到预定翻转中心线的对称位置,并设置为完全透明,组合两个对象。
❷ 依次为组合添加"出现"(进入动画)、"陀螺旋"(强调动画,时间0.01秒)和"基本旋

转"（退出动画，设置"数量"为指定角度，重复次数为0.4）。

❸ 设置"出现"延迟时间为0.01秒；"陀螺旋"设定为"与上一动画同时"，延迟时间为0；"基本旋转"设定为"上一项动画之后"，如图7-14所示。

图7-13 "基本旋转"计时选项

图7-14 任意角度翻转的时间轴

逐字动画

微信扫码看视频

对于一个文本框来说，PowerPoint中任何动画效果都可以设定为以字母为单位依次逐一进行，且可以任意设定两个字母执行动画的时间间隔，如图7-15所示。

文本框动画设定为按字母执行后，其感官效果与整批执行是完全不同的。与整批执行相比，逐字动画的执行单位变小了，因而看起来更加柔和。设定适当的字母间延迟（一般为10%~20%）后，会带来出色的流畅感。此外，一些刻意又拖沓的动画效果通过设定按字母执行，再明显缩短动画时间后，不仅可以很大程度上弥补原有的缺憾，而且对文字能够起到很好的强调作用。

图7-15 设定文本框动画按字母执行

文本切换动画

利用逐字动画可以方便地实现文本动画的切换效果。例如，让一个数字从0变成1，2，…，9，可以利用以下方法简单实现。

❶ 插入文本框，输入0~9这10个数字，数字之间添加回车分行。

❷ 单击"开始"选项卡"段落"命令区右下角的小箭头，弹出"段落"设置窗口，将段落的行距设置为0，如图7-16所示。

③ 为文本框设置闪烁一次（进入动画），并设置为按字母进行，字母之间延迟百分比设置为100%，动画的重复次数为0.9，如图7-17所示，这样动画就会在切换到数字9的时候停止。如果要让动画连续循环多次，则将重复次数设定为所需要的数字即可。

图7-16　设置段落的行距

图7-17　"闪烁一次"动画选项

逐字动画在图片动画中的应用

将逐字动画效果应用到图片上可以大大扩展图片动画的种类，其设置方法如下。

① 插入文本框，输入若干中文的破折号"——"（切换到中文输入法后，同时按下Shift和减号键），设置其字体为Arial Unicode MS。

② 选中文本框，在"绘图工具"选项卡"艺术字样式"命令区的"文字效果"中，找到"转换""弯曲"的第一个预设"正方形"，此时破折号会占满整个文本框，此时文本框可以随意缩放。

③ 在"图表工具"的"艺术字样式"中，使用图片进行"文本填充"，此时图片将占满文本框，如图7-18所示，如果图片上出现间隔细线，则可能是破折号输入的太多，删除几个即可。

④ 为文本框设置动画，设置动画效果，在"效果"选项卡中，设置"动画文本"为"按字母"，设置"字母之间延迟百分比"，如图7-19所示。最终切换效果如图7-20所示。

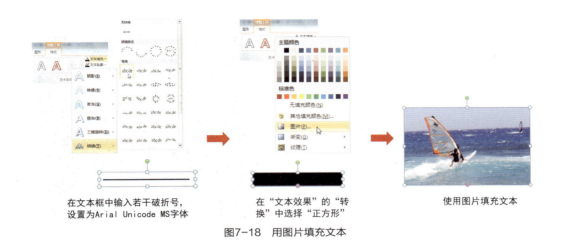

在文本框中输入若干破折号，设置为Arial Unicode MS字体 　　在"文本效果"的"转换"中选择"正方形" 　　使用图片填充文本

图7-18　用图片填充文本

图7-19　设置"动画文本"　　　　　　图7-20　逐字缩放动画的图片移植

粒子动画

粒子动画是指将图片分解成众多微小的粒子，利用粒子的运动制作动画效果。PPT实现粒子动画的难点在于过多的粒子很难操控，而使用文本框逐字动画能够部分解决这一难题。国内PPT动画专家天好首先利用文本框动画实现了粒子动画效果，他以字符作为基本粒子，通过文本框在路径动画中字符间极小的动画延迟时间使字符在运动中连成一片，得到了令人惊叹的金鱼、蝌蚪和蛇的游动效果。此方法的关键是合理安排各个粒子的位置及其格式，使其能够构成相应的图像。实际上，图像的粒子化可以通过软件自动生成，下面以超人的飞行动画为例。

① 找到合适的超人飞行姿态图片，编辑图片使超人的身体成竖直状态。

② 使用软件Image2Html将超人图片转变为字符，注意结果的精确度不要太高，否则会超出PPT的处理能力。该软件的结果为网页格式，使用浏览器打开后，将字符结果复制到PPT中，如图7-21所示。

143

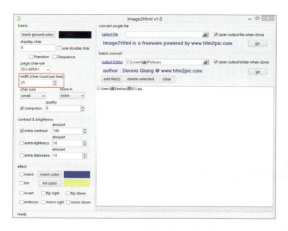

图7-21 使用Image2Html软件将图片转为文本

③ 设定文本框为无色填充,将所有白色字符的填充色设置为无色,如图7-22所示。安装本书附件提供的OK Tools插件,通过文字透明命令可以快速完成这一操作。

④ 单击"开始"选项卡的"字体"命令组右下角的小箭头,弹出"字体"窗口,在"字符间距"选项卡中,调整"间距"为"紧缩","度量值"为4.5磅,如图7-23所示。在"段落"窗口中,将其行距设置为0。

图7-22 设置文本框格式　　　　　　　　　　图7-23 设置字符间距

⑤ 逆时针旋转文本框90°,为文本框添加路径动画,设置动画文本按"字/词"执行,字/词间延迟百分比为0.04。

多帧动画的循环

多帧动画的循环可以通过逐字动画实现,如有兴趣可学习配套资料包中提供的教程《逐字动画实现多帧循环》，本书正文不再介绍，因为目前多帧循环已经可以用插件简易地实现。

① 安装本书附件提供的PPSchool插件。注意本插件需要Microsoft .NET Framework v4.0 以上版本支持。安装此插件后，PowerPoint会新增一个"PPSchool"标签页，如图7-24。

图7-24　PPSchool插件界面

② 在PowerPoint中按照时间的先后顺序依次选中帧图片，点击"多帧循环"按钮。
③ 在动画窗格中设定帧动画的时间和循环次数即可。

巧用页面切换

PowePoint 2010提供了很多炫丽的页面切换效果，如图7-25所示，更重要的是，"动态内容"一栏中的7个三维动画允许在翻页时只对幻灯片中的内容实现切换效果，而幻灯片的背景保持不变。因此，借助于这7个"动态内容"页面切换动画，可以实现炫丽的3D动画效果。

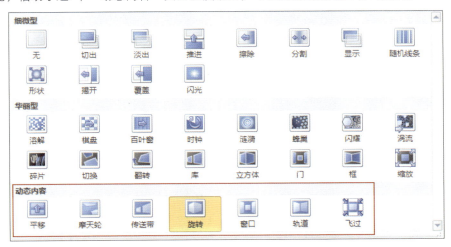

图7-25　PowerPoint 2010的幻灯片切换效果

下面以两张图片的切换为例。

① 单击"视图"标签页的"幻灯片母版"，插入一个新的版式，并将页面中的静止对象放置到这个版式中。
② 将两张照片分别置于相邻两张幻灯片上，并将两张幻灯片设置为上一步新插入的版式。

❸ 为后一张图片所在的幻灯片设置一种"动态内容"型切换动画。最终的切换效果如图7-26所示。

图7-26 "旋转"页面切换效果

动画的叠加

　　PowerPoint动画的强大之处不仅在于提供了一百多种基本动画效果，更重要的是，PowerPoint允许用户相当灵活、简便地设定动画的时间轴（包括执行时长、延迟、重复、触发等）。当一个对象的多个基本动画同时进行时，就可以得到一个全新的动画效果，而通过合理的安排和叠加多个对象的多个动作，就可以得到细节丰富、精致的动画效果。

　　制作叠加动画的关键在于三点：其一是要对PowerPoint提供的各种动画烂熟于心；其二是对于最终的动画效果要有明确预期（这需要一定的经验和想象力），并能将其在头脑中分解为PowerPoint所自带的动画效果；其三是要有耐心对动画进行多次试验和微调。

　　要想能够信手拈来地制作漂亮的叠加效果，则必须勤于动手，多看优秀的PPT动画作品，积累经验。本书配套资料包中给出了一些常用的叠加效果，将这些效果应用到你的PPT中可以让人眼前一亮，但要成为一个真正的动画高手，则需要研究这些动画的制作方法和原理，培养自己制作叠加动画的能力。

帧动画

　　帧动画就是通过快速播放多张连续的图片来实现某种变化的动画，其原理与电影一致。电影胶片上的每一格镜头叫作一个帧，当胶片以每秒24帧的速度快速切换时，由于人眼的视觉暂留效应，我们无法感觉到帧的切换，反而看到连续变化的图像。理论上，帧动画可以实现任何动画效果。对多个帧图片使用"闪烁（进入）"动画即可制作帧动画，如图7-27所示。

　　利用帧动画可以比较简单地实现对象的

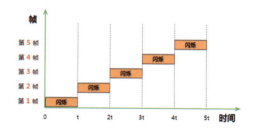

图7-27 帧动画制作原理

3D旋转，下面以立方体为例。

① 插入一个矩形，在"设置形状格式"的"三维格式"中设定"深度"的大小和颜色。设置矩形动画为"闪烁一次"出现，动画的执行时间为0.1秒。

② 复制多个矩形，并在"三维旋转"中，将这些矩形的X旋转角度从小到大设定，如矩形1为0°，矩形2为10°，矩形3为20°，等等，如图7-28所示。

图7-28　3D旋转动画的各个帧

③ 按照旋转角度从小到大的顺序在动画窗格中依次排列各个对象的动画，设定动画在"上一对象之后"进行。重新设定第一帧和最后一帧为"消失"和"出现"，第二帧动画设定为"与上一动画同时"，如图7-29所示。

④ 选中所有矩形，使用"左右居中"和"上下居中"进行对齐。

除了上述方法，还可以使用从本书附件下载的Nordri Tools插件，使用"补间动画"工具一键完成上述过程。

比较简单的变化通过起始和终点两个关键帧就可以制作，如眨眼。但对于奔跑等比较复杂的

图7-29　3D旋转帧动画时间轴

变化，则需要在对象的起始帧和终点帧之间插入一系列的中间状态，而这些中间帧一般无法自动生成，只能单独制作，这不仅耗时，还需要一定的绘画功底。

7.7　辅助动画技巧

之所以说PPT动画的制作有很高的技巧性，是因为除需要熟练掌握上述的各项动画功能外，还需要利用很多辅助技巧弥补PowerPoint动画功能的缺陷。其中，经常用到的技巧有切割法、衔接法、替代法、遮挡法、覆盖法、底衬法和背景法等。

切割法

切割法是将一个完整的对象切割成若干片段，而后分别对各个片段设置动画效果。譬如擦除动画只能沿着一个方向进行，对曲线使用擦除动画则容易产生曲线的多个部分共同擦除的情况，破坏了擦除的连续感。解决的方法是将曲线切割成多段，而后对各段分别进行不同方向的擦除，如图7-30所示。使用PowerPoint的形状运算工具可以比较方便地将曲线切割为多段（PowerPoint 2013 新加入的形状"拆分"工具让曲线的切割变得更加容易）。

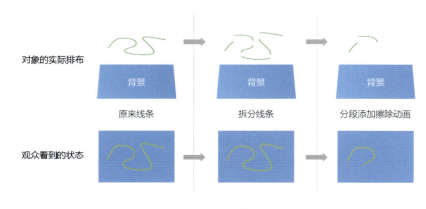

图7-30　切割法原理

衔接法

衔接法是将两个的对象的两个动画无缝连接起来：在一个对象退出完成的同时，另一个对象在第一个对象的最终位置开始其出现动作，这样，整个动作看起来像是一个对象接连完成的。翻页动画是衔接法应用的一个典型的例子，其原理如图7-31所示。

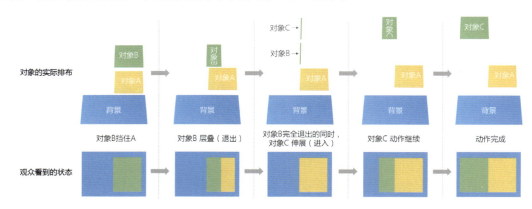

图7-31　衔接法原理

衔接法的另一个重要应用是双帧循环动画，只要使用"闪烁一次"（退出/强调动画）的重复交替出现两个对象即可。这是因为在一个"闪烁一次"（退出/强调动画）动画中，一个对象在前半段是消失状态，后半段是出现状态，如图7-32所示。

双帧循环可用于模仿鸟类、昆虫等扇动翅膀，其制作方法如下。

❶ 准备飞鸟煽动翅膀的两个帧图片，并将两个图片的位置重叠。

❷ 为两个图片分别添加"闪烁一次"（退出动画），持续时间都设置为0.4秒，重复设为"直到幻灯片结束"。

❸ 将其中一个帧的延迟时间设置为0.2秒。

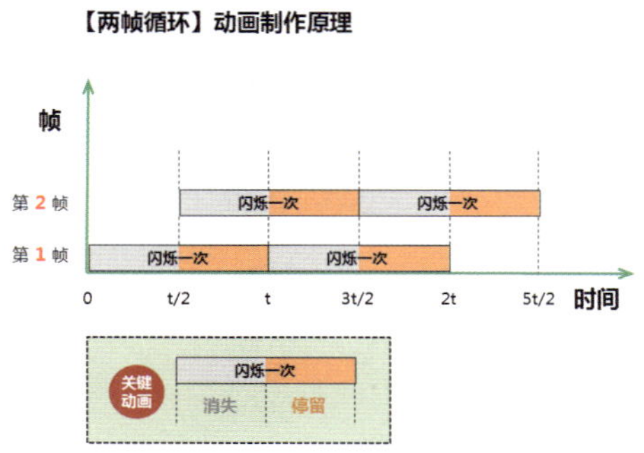

在以上三步的基础上，再为两个帧添加相同的飞入或路径动画，即可得到鸟类飞行动画效果。

图7-32 两帧循环动画制作原理

替换法

替换法与衔接法类似，它是在对象的动作结束的瞬间"消失"，同时出现一个与其结束时状态完全一样的对象，此新对象成为原来对象的替身。替换法可以解决对象在动画过程中不能组合和解除组合的问题，其原理如图7-33所示。

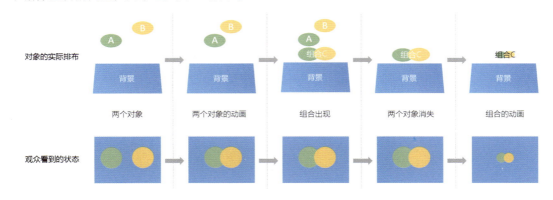

图7-33 替换法原理

遮挡法

遮挡法是用一个隐藏在背景中的对象遮挡住另一个对象的动画，当被遮挡的对象动画完成后，遮挡对象消失，从而避免观众看到被遮挡对象的动画过程。如本章7.4节所述，为了防止对象在"放大"（强调动画）时产生锯齿的问题，需要首先将对象缩小，而使用遮挡法可以掩盖对象的缩小过程，其原理如图7-34所示。

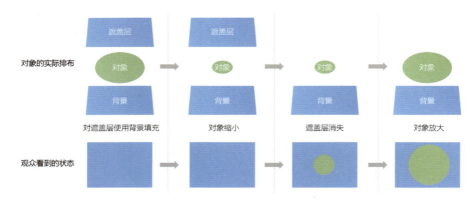

图7-34　遮挡法原理

除了遮挡法，解决无损放大的问题还可采用以下方法：先为对象添加出现动画，再为其添加缩小动画，两动画同时进行，将缩小动画持续时间设为0.01秒，出现动画延迟时间为0.01秒，而后再为对象添加放大动画即可。

覆盖法

覆盖法是在对象的上层覆盖一个具有特定形状漏洞的、隐藏在背景中的遮盖对象，对象在动作过程中只有被遮盖对象露出的部分才能被观众看到，其原理如图7-35所示。当然，也可以通过遮盖对象的运动改变观众所看到的部分。使用覆盖法可以简单地模仿地球转动效果。

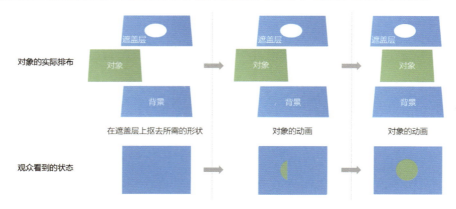

图7-35　覆盖法原理

底衬法

底衬法是在隐藏在背景中的对象和背景之间添加一个对象作为衬底,当衬底移动到对象的正下方时即将对象从背景中显现出来。衬底法的原理如图7-36所示。

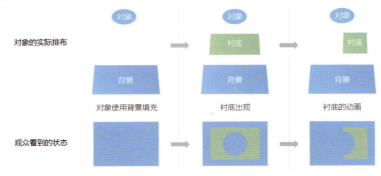

图7-36　底衬法原理

背景法

背景法是在使用图片作为背景填充的页面上,首先添加一个覆盖层挡住背景,而为覆盖层上方使用背景填充的对象添加动画,其原理如图7-37所示。

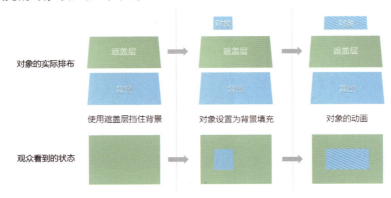

图7-37　背景法原理

7.8　页面切换动画

事实上,页面切换的存在是迫不得已的。PPT每页的面积是固定的,没有办法同时放下太多内容,所以制作PPT时,我们不得不将内容分布到不同的页面上。因此在演示中,制作者不得不一页接着一页地展示各个片段。这种线性的呈现方式让观众对演示整体逻辑的理解变得更加困难,同时破坏了内容的连续性,因而会妨碍信息的传达,对演示效果造成负面影响。

页面切换的基本设置

相对于种类繁多、技巧性很高的对象动画，PPT页面切换动画的设置要简单得多，所有的页面切换设置都在"切换"这一个选项卡中，如图7-38所示。

图7-38 "切换"选项卡

只需在"切换到此幻灯片"命令组中单击所需的切换效果，即可为当前页添加切换动画。由于页面切换动画会进一步加剧PPT页面之间的割裂感，因此如无特殊需要，页面切换方式选择"无"即可。

在"切换"选项卡中，可以通过最右侧的"换片方式"选择页面切换的触发方式。勾选"单击鼠标时"则页面需要通过单击鼠标翻页，而勾选"设置自动换片时间"设定一个时间后，页面会在指定的时间结束后自动翻页，且页面中所有的对象动画都将自动进行。

页面的无缝连接

页面切换是PowerPoint的先天不足，除了可以用来提醒观众新篇章的开始及看起来很酷，页面切换的作用极为有限。为了维持演示的连续性和逻辑完整性，最好让观众感觉不到页面的切换，让所有页面在演示时成为一个连续的整体。所以除非特殊需要，页面切换最好在无声无息中完成。而要达到这样的演示效果，关键是将相邻两页幻灯片通过重复的元素精确无缝地连接起来，具体的实现方式有两种："路径+普通页面切换"以及"拼合元素+页面推进切换"。

"路径+普通页面切换"是通过两页PPT上共同的对象将两页连接起来，如图7-39所示。

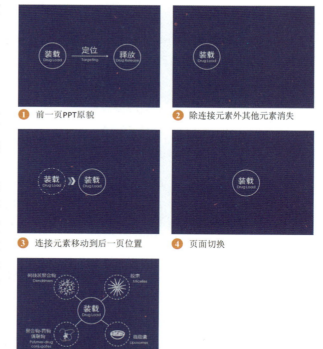

图7-39 使用共有元素连接

"拼合元素+页面推进切换"是利用两页PPT上呈拼合关系的图形结合推进切换来实现，或者说两页PPT本身就可以拼合在一起，如图7-40所示。

图7-40　拼合元素和页面推进

即便是用非常简单的线连接起来，整体的效果也会很强烈，如图7-41所示。

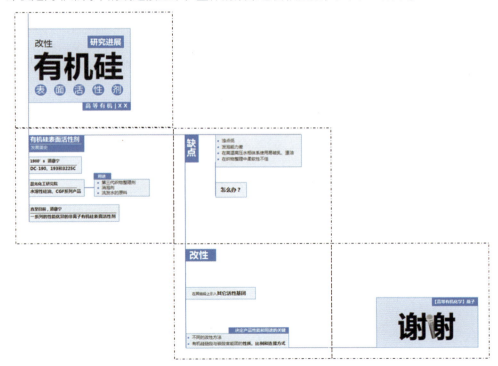

图7-41　使用简单的线条作为拼合元素

7.9 音频与视频

在PPT中，音频与视频可以看作特殊的动画效果，对其播放的控制与操控普通动画效果类似。

PowerPoint 2010支持声音和视频的插入与编辑。在"插入"选项卡最右侧的媒体命令区，有"视频"和"音频"两个按钮，其中，通过视频按钮可以为PPT插入多种格式的视频文件（包括Flash文件），通过"音频"按钮则可以为PPT添加多种格式的音频文件，如图7-42所示。与普通的对象一样，一页PPT中可以插入多媒体文件的数量没有限制。

图7-42　PowerPoint 2010支持的视频及音频格式

选中多媒体对象后，在各自的"工具"选项卡中即可进行简单的剪辑、淡入淡出、音量调节、播放设置和修边等处理。

在"音频工具"选项卡"播放"子选项卡的"音频选项"命令区，可以设置音频的开始方式，如图7-43所示。"自动播放"是指放映PPT时，音频会自动播放；"单击播放"则在单击音频的播放按钮后音频才会播放；"跨页播放"则在该页放映后播放自动开始，即使切换幻灯片之后也会继续播放。如果不想在音频播放时看到音乐按钮，则只需将该音频的小喇叭图标拖到演示文稿页面范围以外即可。

图7-43　"播放"子选项卡

在"编辑"命令区，单击"剪裁音频"可以截取音频文件的任意片段，如图7-44所示，在"淡化持续时间"中还可以设定音频的淡入和淡出。

图7-44　"剪裁音频"对话框

视频文件的设定与上述音频文件的设定方法基本相同,如图7-45所示。

图7-45 "视频工具"的"播放"子选项卡

需要注意的是,由于PowerPoint 2010的"剪裁视频"功能仅支持wmv格式的视频文件,因此使用此功能需首先将视频文件转换为wmv格式,转换时要注意保持视频的清晰度。

在"视频工具"的"格式"子选项卡中,视频可以像图片一样进行格式调整,如剪裁、为视频文件添加边框,以及设定视频的旋转和三维格式等,如图7-46所示。

插入视频或音频后,视频或音频会出现在"动画窗格"中。选中动作右侧的下拉箭头,即可像普通动画一样设置触发方式、延迟时间等,如图7-47所示。另外,视频和音频还可以像文本框、图片一样添加进入、退出等动画效果。

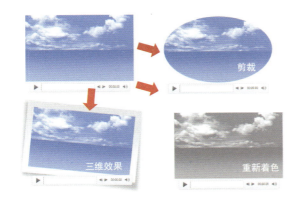

图7-46 PowerPoint支持的视频效果格式

图7-47 多媒体的动画设置

在"播放音频"对话框的"效果"选项卡中,可以设定音频的文件播放和结束时间,如图7-48所示。"开始播放"区可以设定播放是从音频起始开始、从上一次播放完的位置开始,还是指定从第几秒开始。停止播放区则可以设定音频结束播放的方式是单击、本页幻灯片完成之后,还是在第N张幻灯片播放完成之后自动结束。

在"计时"选项卡中则可以修改音频的触发方式、重复次数、延时等动画时间设置,如图7-49所示。

图7-48 "播放选项"的"效果"选项卡

图7-49 "播放选项"的"计时"选项卡

需要注意的是，使用PowerPoint 2010嵌入的视频文件在PowerPoint 2007及以下版本中都无法播放。如果你的文件中嵌入了视频，而演示用的电脑又没有安装PowerPoint 2010及以上版本，则你还需要携带一个Microsoft PowerPoint Viewer 2010的软件安装包，此软件比较小巧且完全免费，在演示的电脑上安装此软件后，无须再安装新版PowerPoint也能够完美播放PowerPoint 2010所创建的文档。为了避免临场安装Microsoft PowerPoint Viewer的麻烦，你还可以使用此软件的免安装单文件版本。

除上述嵌入视频的方法外，PowerPoint还支持利用ActiveX控件插入视频或Flash文件。使用ActiveX控件插入的视频文件在PowerPoint 2003及以上版本都可以顺利播放，但却无法对视频进行剪辑，也无法灵活设置其自动播放时间。以视频文件为例，插入方法如下。

在自定义功能区中将开发工具选项卡显示出来。

单击"开发工具"选项卡"控件"功能组右下角的"其他控件"按钮，在弹出的"其他控件"窗口中，找到并选中"Windows Media Player"，如图7-50所示，单击"确定"按钮（插入Flash文件则要插入"Shockwave Flash Object"控件）。此时鼠标变成一个加号，在编辑区中拖动鼠标即可插入控件。

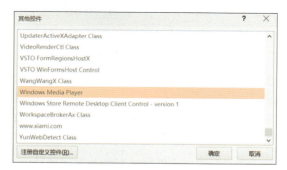

图7-50 "其他控件"窗口

右击刚刚插入的控件，在右键菜单中选择"属性"表。在URL右侧的空格中填入视频文件的文件路径（Flash文件则需要在Movie右侧的空格中填入路径），如图7-51所示。为了保证PPT在其他机器上也能正常播放视频文件，需要将视频文件与PPT文件放入同一个文件夹中，此时路径直接填写视频文件的名称即可。

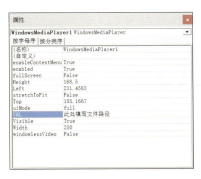

图7-51 "Windows Media Player"控件属性表

使用Windows Media Player控件插入视频文件实际上是在PPT播放过程中调用了Windows Media Player来播放文件，因此视频文件也必须是该播放器所支持的格式。

08

第8章
排版语言

　　PPT的制作，不仅需要挑选和制作高质量的基本素材，如合适的字体、切题的图片、清晰的图表、恰当的图示和精致的动画，还需要将这些基本素材合理、美观地放置在每一页PPT中，这个过程就叫作排版。

　　如果PPT是一门语言，那么排版就是它的语法，通过排版将字体、图片等词汇恰当地结合在一起，才能将演示者的观点与论据正确、有效、优美地传达出来。排版有两个非常重要的作用：一是组织信息，帮助观众完成信息的初步处理；二是控制观众视线的移动，使页面上的内容能够顺畅地传达给观众。排版的形式可以直接决定读者对PPT的理解，对信息的传达效果具有关键影响。排版绝不仅仅是一个美化游戏。

8.1 要事第一

"要事第一"是指先要把观众的注意力吸引到最重要的信息上,而后再引向其他部分。为了达到这一目的,首先需要根据本页的目的确定首要信息,并通过素材的挑选、格式设置和排布将其突显出来成为排版的重心,其流程如图8-1所示。PPT的排版不仅有"好坏"之分,更有"对错"之别。当排版的重心与页面目的不一致时,无论最终页面看起来多么漂亮,都无益于演示者和观众的沟通,这样的排版就是错的。"要事第一"能够确保排版重心的正确性,因此是排版的最高原则。

图8-1 "要事第一"的设计流程

① 明确当前页面的目的和必要性,即站在观众的立场上回答两个问题:当前页面真正想告诉观众的是什么?页面所传达的信息对观众来说有多重要?第一个问题,如一个关于企业概况的页面,其真实目的并不是要介绍企业的历史和产品等信息,而是要告诉观众企业是值得信赖的、企业资质是完全满足要求的。对于第二个问题,如果当前页面的内容是观众完全不关心的,这时就要考虑此页面是否还有存在的必要;相反,如果当前页面的内容对观众来说是至关重要的,那么就要考虑是否需要增加内容细节增强其可信度,或者添加更多页面以展示更多相关信息。

② 页面目的明确后,页面上各个内容的重要性就很容易区分了。PPT的排版以句子、单词甚至字母为基本单位,因此对于PPT页面内容优先级的区分,要细化到每一句、每一词乃至每一字。例如,在图8-2中,乍一看只要对页面中的三条信息——标题、公司名称和LOGO分别考虑即可。但实际上,标题的两个关键词重要性仍有所区别:"SMA瞬膜喷雾剂"是优先于"创业计划"的,因此对这两个关键词分别进行设计要好得多。一般来说,一页PPT中最重要的信息最多只能有一项。当两项内容同时设置为最高视觉优先级时,就相当于同时贬低了两者,从而失去了页面的焦点。

图8-2 以词为单位进行设计

❸ 素材需要根据内容的优先级来挑选。最重要的信息要有最高的可信度，因而也需要最多的素材（如图片、图示、图表等）来支撑，如图中，为"SMA瞬膜喷雾剂"添加贴切的配图，以呼应和支撑最重要的信息。

❹ 最后是通过设置各项内容的格式和排列，使得优先级高的信息能够凸显出来成为视觉焦点。例如在图8-2中，"SMA瞬膜喷雾剂"设置了比其他信息大得多的字号，并将其放到页面的中心位置，考虑到"创业计划"是第二重要的信息，所以图中使用显著的底色和不同的字体，使其能够从其他次要信息中凸显出来。

按照"要事第一"原则进行排版后，既有效地传达了核心信息，又避免了设计太过呆板乏味。下面再举一例，如图8-3所示。

图8-3 "要事第一"设计案例

8.2 选择版式

PPT为提高交流效率而生，且为满足观看距离远、翻页节奏快等要求，使得PPT一方面要求图形化内容多、字号不能过小，另一方面要防止内容过于碎片化而不能随意拆分，同时又要添加细节提高说服力。因此，在寸土寸金的PPT页面上，版面的形式要简洁、内容的层级要清晰、重点和要点要醒目、视线的移动要流畅。

根据内容选择版式是着手排版的第一步。以相互并列的内容小组为基本单元，常用的版式如图8-4所示。

当只有一组内容时（如一个图表、一个图示、一张图片、一个句子等），只需将内容放置到页面的中心，构成居中型版式即可，如图8-5所示。

图8-4 PPT常用版式

图8-5 居中型版式

当页面中存在两组内容时，则可采用左右型、上下型、倾斜型、包含型和交叉型版式，分别如图8-6至图8-10所示。

图8-6 左右型版式

图8-7 上下型版式（左：@蝇子；右：@无敌的面包）

图8-8　倾斜型版式（@蝇子）

图8-9　包含型版式　　　　　　图8-10　交叉型版式（@曹将PPTao）

当页面中存在多组内容时，则可采用矩阵型或复合型版式，如图8-11和图8-12所示。

图8-11　矩阵型版式（右：选自AcmePower融资PPT）

图8-12　复合型版式（@Lonely_Fish）

8.3　组织信息

组织信息，让内容的层次看起来一目了然是PPT排版的重要目标。信息的组织就是通过调整各元素的格式和位置，来减轻读者的阅读压力，保证阅读的流畅性，避免页面过于枯燥和呆板。其中，对齐、分组和对比是组织信息的关键手段。

对齐

页面上每一项元素都应当与页面上的某个内容存在某种视觉联系，任何元素的格式和位置都不能随意处理。对齐包括位置对齐和格式对齐，其作用有三：第一，格式完全一致或位置对齐的元素默认具有逻辑上的并列关系；第二，格式和位置对齐赋予页面秩序美，防止页面过于散乱；第三，位置对齐能够避免观众视线的频繁跳跃，保证阅读的连贯性。

位置对齐是将对象的边缘或中心放置在看不见的直线上，包括左/右对齐、底端对齐、居中对齐、两端对齐和按网格对齐等，分别如图8-13至图8-17所示。在这些案例中，每个案例中"看不见的线"可能有很多条，请在下列案例中尽可能多地找到这些线。

图8-13　左/右对齐

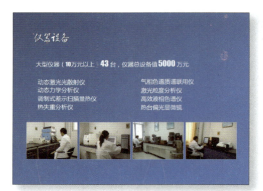
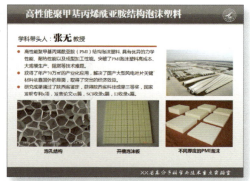

图8-14　底端对齐

图8-15　居中对齐（@杨天颖GaryYang）

图8-16　两端对齐

 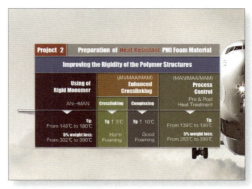

图8-17　按网格对齐

线段和形状通常用来加强对齐效果，例如可为文字添加背景形状，使左/右对齐变为两端对齐，添加线段也可起到相似的效果，如图8-18所示。

图8-18　利用形状和线段加强对齐效果（右：@杨天颖GaryYang）

使用位置对齐时要注意以下四点。

① 如果逻辑层次不同的多个对象具有相同的格式，则将其对齐到一条线上时会给人造成"逻辑并列"的误解，因而，处于不同逻辑层次的对象应该分别对齐。

② 居中对齐给人以稳定和严肃感，适合用在较为正式的场合，但居中对齐的对齐线很不明显，而且居中对齐后，对象的两端通常无法对齐，且一旦内容较多时，页面看起来就会很杂乱，易读性大大降低。因此使用居中对齐一定要谨慎，不要将其作为第一选择。

③ 首行缩进的作用是在文字密集时帮助读者区分段落，但在PPT中可通过拉开距离或添加分割线等区分段落方法，因此首行缩进已无必要且会破坏对齐的规整性。

④ 尽管你可以使用PowerPoint的对齐按钮和参考线等工具进行对齐，但对齐的效果必须以你的眼睛为评判标准。图形的错觉普遍存在，只有在你看来是对齐的才是真的对齐。

格式对齐是指逻辑关系并列的对象具有相同的视觉格式，反之，逻辑关系不并列的对象其视觉格式也应该不同，如图8-19所示。

图8-19　格式对齐

分组

在同一页面上当多个对象相互靠近时,观众会默认这些对象间存在意义上的关联。分组是指将意义关联密切的对象相互靠近,构成一个整体,反之,如果对象在意义上是独立的或者并不连贯,则需要将这些区分开。分组有三个作用:一是帮助观众完成前期的信息组织,加快对内容结构的理解;二是避免页面过于散乱或无序,使观众视线不必频繁跳转,提高阅读的流畅性;三是通过聚拢为页面留出更多空间,避免页面的拥挤。

如在图8-20中,左边的幻灯片看去有五个相互独立的信息,给人以内容杂乱无章的感觉,读完这张幻灯片视线要跳跃5次,阅读体验很不流畅,而且页面由于杂乱显得非常拥挤。右图通过将内容分为两组并对齐,解决了上述问题。

图8-20　分组

分组既包括位置上的接近,又包括空间的远离和分割,因此分组效果可以通过添加线条(如图8-21和图8-22所示)、边框或底色(如图8-23所示)进一步强化。在图8-24中,尽管没有添加额外的线条或边框，然而段落的小标题文字设置了醒目的颜色并与其他内容独立开来，因此起到了分割线的作用。

图8-21　利用直线分割强化分组（左：@曹将PPTao；右：@杨天颖GaryYang）

 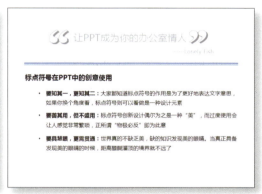

图8-22　利用虚线和双线分割强化分组（@Lonely_Fish）

图8-23　利用形状和边框强化分组（左：@曹将PPTao；右：@青春的天涯刀客）

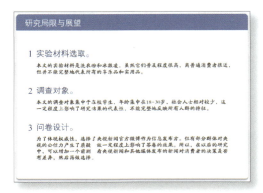

图8-24 文本形成的"线"具有分割作用(左:@曹将PPTao;右:@曾天Tim)

与对齐一样,除了位置上的接近和远离,分组还可以通过格式上的延续性来实现。当对象之间的格式存在明显相似时,即使两个对象距离稍远,大脑也会倾向于其具有某种关联而将其分成一组,如图8-25所示。

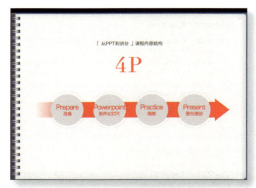

图8-25 利用相似格式关联信息(@杨天颖GaryYang)

对比

对比用于规范信息的层次关系,突出重点。"对齐"是指如果对象之间为并列关系,则应该使其格式一致,反之则应设置不同的格式以示区分。"对比"则是指如果对象的格式不是完全相同的,则应当使其截然不同。如果要体现差异,就要使其对比强烈,千万不要畏畏缩缩。

几乎所有的格式选项都可以用于塑造格式的变化,如表8-1所示,通常仅使用其中一种变化难以达到强烈的对比效果,因此一般需要同时利用多种格式变化。

表8-1　文字的一些格式变化

格式选项	格式变化	格式选项	格式变化
字号	内容　内容　内容　内容　内容	字体	内容　内容　内容　内容　内容
颜色	内容　内容　内容　内容　内容	加粗	内容　内容　内容　内容　内容
底色	内容　内容　内容　内容　内容	下画线	内容　内容　内容　内容　内容
修饰	内容　内容　内容　内容　内容	三维	内容　内容　内容　内容　内容
框线	内容　内容　内容　内容　内容	留白	内容　内容　内容　内容　内容
逐字	内容　内容　内容　内容　内容	倾斜	内容　内容　内容　内容　内容
标点	内容　内容　【内容】内容　内容	透明	内容　内容　内容　内容　内容

如在图8-26中，左图使用了对齐和分组的方法组织了信息，不同项目的格式尽管有所不同，但差别模棱两可，使得版式过于单调、呆板和枯燥，信息层次的可辨度差。而在右图中，同时使用字体、字重、字号、斜体和字体颜色等多种格式变化，极大地强化了对比效果，使不同级别的信息差别更加明显，减轻了观众的阅读负担；另一方面，富于变化的对象格式让版式充满韵律感，更容易吸引观众的注意。

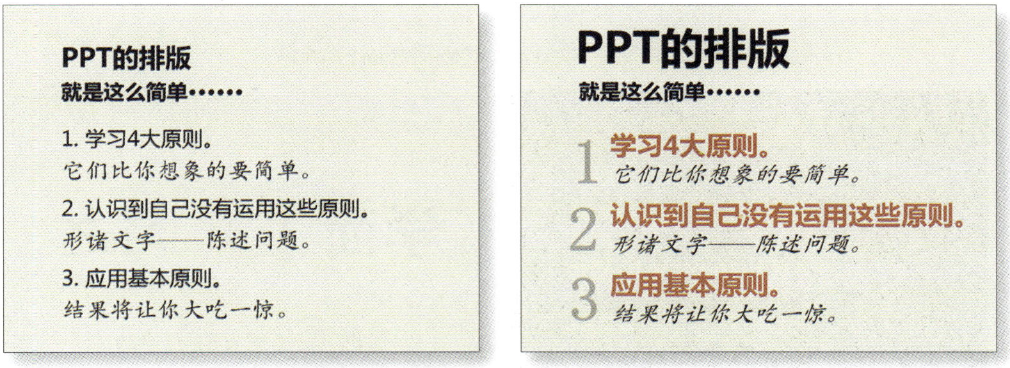

图8-26　利用多种格式变化进行对比

下面再举一些例子（如图8-27至图8-31所示），请分析这些例子中显著的对比效果是通过哪些格式变化实现的。

图8-27　字号与颜色对比（选自《Big Idea》）

图8-28　逐字对比（右：@杨天颖GaryYang）

图8-29　标点对比（左：@杨天颖GaryYang，右：@大乘起信_vht）

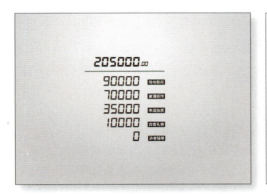 

图8-30 底色对比(@杨天颖GaryYang)

图8-31 使用图片的反白(选自《Did You Know 4.0》)

8.4 锦上添花

下锅做饭既要有主菜，又需要辅料。在PPT中，主菜是指文本、图表、图片、图示等基本素材，辅料则包括点、线、面、肌理等视觉元素，这些元素的使用不仅能够帮助我们组织信息，还能让PPT更精致，起到锦上添花的效果。

点

数学上的点只有位置而没有形状，但PPT中的点需要有视觉表现力，因此有形状，也有大小：点可以是圆形，也可以是方形，还可以是任意形状。当我们的注意力被其本身而不是其所创造的负形所吸引时，它就是一个点，如图8-32所示。

图8-32 版式设计中的"点"

点最重要的作用是聚焦：相对于线、面或纹理，点总是最先引人注意的。因此，点可以用来将观众的注意力吸引到文字内容上来，如图8-33所示。点对于版式来说就是画龙点睛的那一笔，一个没有点的页面看起来会缺少生命力。

图8-33 点的聚焦作用（左：选自《advertising on the edge》；右：@秦阳）

项目符号显然是点,其实质是借助聚焦作用将观众的目光吸引到段落的开始。PowerPoint内置的项目符号类型有限,我们完全可以使用其他形状替代以达到更好的视觉效果,如图8-34所示。

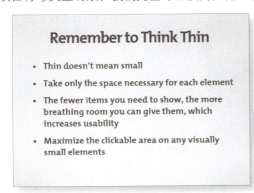 

图8-34　项目符号规定了阅读的起始(左:Steve Smith)

在格式上从句子中独立出来的文字或者标点符号也是点,我们可以借助这样的点将观众注意力吸引到一个段落或者句子上来。在众多字符中,引号用于表示对他人言论的引用,已成为一种约定俗成的做法,如图8-35所示。

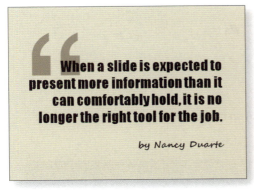 

图8-35　引号表示引用他人的言论(右:选自《advertising on the edge》)

线

线是点运动的轨迹,几个点按一个方向靠近排列则会得到虚线。线有伸展和流动的特性,人的目光难以在线上停留。文字排列成句子时会形成线,这解释了为什么单字要比句子或段落更容易抓住目光。当行距变大时线的特征会更加明显,因而给人的感觉更为流畅。

正是由于线的伸展性和流动性,使视线的移动可以受到线的引导而更加顺畅,如图8-36所示。除此之外,线在PPT中还能起到三个作用:连接、分割和装饰。

图8-36 用直线修饰的简洁封面（右：@Lonely_Fish）

在"分组"一节中，我们已经学习了用线分割的方法，下面是两个用于连接的例子，如图8-37所示。

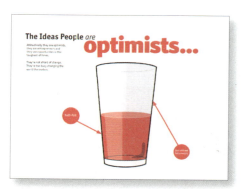 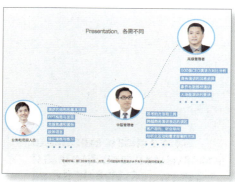

图8-37 线的连接作用（左：选自《advertising on the edge》；右：@杨天颖GaryYang）

相对于直线，虚线可以起到很好的装饰效果，如图8-38所示。

图8-38 虚线的装饰作用

面

随着点的面积的增大,其聚焦能力会先提高而后降低,在后一阶段,点的特征会逐渐失去,人们的目光将更多转移到其轮廓线形状上,最终成为一个面。众多点或线规整、密集地排列会构成虚面。

在PPT中,面的作用主要有两个:充实稳定和创造空间。将文字或图片等放到面上可以增强其视觉"重量",增强其视觉吸引力,并给人更加牢固和稳定的感觉,如图8-39所示。

图8-39　面的稳定作用

面与面的交叠则会产生空间感,如图8-40所示。而借助阴影或者图钉等小部件,由面形成的三维空间会被激活,从而更加明显,如图8-41所示。

图8-40　面的交叠产生空间感(左:选自《advertising on the edge》;右:@无敌的面包)

图8-41　空间的两种激活方法(左:@蝇子;右:@曹将PPTao)

肌理

点、线或者其他图形的重复排列会构成肌理，如图8-42所示。如果图形是规整的、排列具有周期性，则构成的肌理具有机械感，如PPT自带的图案填充；若图形是多变而不规则的、排列是随机的，则构成的肌理具有自然的感觉，如PPT自带的纹理填充。PPT以肌理作为背景常基于两方面考虑：一是防止PPT过于空旷，二是帮助塑造PPT的整体风格。

图8-42　肌理

除了自带的图案或纹理填充，PPT中使用的肌理还来源于三个方面：一是通过纹理网站下载，如subtlepatterns.com，如图8-43所示；二是通过图片搜索引擎搜索的木质、纸质、皮质和石纹等肌理图片，如图8-44所示；三是通过密集排列文字、图标等来手工制作肌理，如图8-45所示。

图8-43　几何型肌理（左：@杨天颖GaryYang；右：Dreamine）

图8-44　自然型肌理（左：Cameronmoll；右：@杨天颖GaryYang）

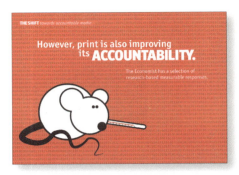 

图8-45 字符型肌理（左：选自《advertising on the edge》；右：@蝇子）

留白

　　空白也是一种元素。高境界的留白会给人以"无声胜有声"之感，可惜这不是我们留白的原因。简约与纯净给人以高档感，拥挤与花哨则总不免带有下里巴气息，这不仅对于PPT，服装、餐饮、家居也都如此。诚然，丰富与多彩同样可以塑造出赏心悦目的作品，但绝大多数人还没有进化出足够强大的驾驭能力。所以留白是一种有自知之明的、讨巧的、智慧的选择。千万不要想方设法把页面塞满，永远都不要怕页面上的内容太少，如图8-46所示。你看老罗的PPT的留白多么没有节操，不过这不能怪他，乔布斯也是如此。

图8-46 留白（选自Smartisan OS发布会PPT）

　　在PPT中，留白可通过以下四种方法实现：一是简化文本内容。如果你无法简化像word一样的PPT，说明你要么懒惰，要么还没有真正理解，无论哪种情况，对于演说都是极不负责的；二是字号和字体，字号不必过大，字体的字重也应该较小，文字在观众看得清的前提下越小越好，另外灰色文本要比黑色文本的视觉压力更小；三是注意对信息进行分组和聚拢，防止页面内容过于分散；如果采用上述方法仍显拥挤，则可以考虑将内容分布到多张PPT上，但一定要留意信息的碎片化风险，如图8-47所示。

图8-47　实现留白的方法

8.5　化静为动

很多时候，尽管页面看上去整齐划一、层次清晰、重点突出，却仍然无法吸引观众，这可能是由于页面版式过于对称持重、色调偏冷缺少暖色、排版元素变化不足、空间层次薄弱和缺少设计视觉焦点等原因，最终造成的无聊乏味的静态感。因此，解决类似问题的关键，就是分析静态感是由于上述哪种原因造成的，而后对症下药，做出相应调整。具体来说，为了让版式化静为动，一般可采取以下方法。

文字纵排。纵排后的文字产生向下坠落的动势，而且其线的特征会得到加强，且随着"线"的长短和粗细的变化，版式会变得富有韵律感，如图8-48所示。

图8-48　文字纵排（左：@大乘起信_vht；右：@秦阳）

使用倾斜版式。版式倾斜后会产生下滑的动势，页面的静态感也就不复存在了，如图8-49所示。但要注意，纵排和倾斜一方面会降低文字的易读性，另一方面会让版式变得不太庄重，所以要根据使用场合谨慎选用。

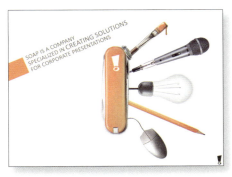 

图8-49 倾斜带来动感（左：SOAP；右：选自《advertising on the edge》）

减少矩形和正圆的使用。矩形和正圆稳重正式却缺少动感，使用椭圆、梯形等其他形状则能避免版式呆板的感觉，如图8-50所示。

图8-50 使用椭圆和梯形避免呆板（右：Microsoft官方）

使用不对称的版式。对称意味着静态和稳定，平衡打破后页面也就不那么枯燥了，如图8-51所示。

图8-51 非对称版式打破平衡

提高图片和文字的跳跃率。跳跃率即最大面积和最小面积的比例。不同大小的图片或文字排列在一起会产生空间感和节奏感,跳跃率越大,视觉张力越强,如图8-52和图8-53所示。

图8-52　图片的大小变化产生节奏感

图8-53　字号的变化产生节奏感(右:Jeremy Fuksa)

打破边框。边框的打破意味着"面"的交错,定义出一个三维的空间,如图8-54所示。

图8-54 打破边框的"挖"版图片产生空间感(左:@无敌的面包;右:@蝇子)

出血。"出血"是指文字或者图片等内容超出了页面的边线。此时,大脑会认为对象应该比看上去更大,从而产生伸展或运动的张力,如图8-55所示。

 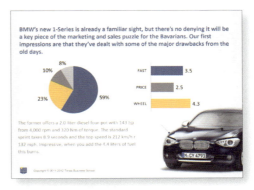

图8-55 "出血"产生张力（左：选自《advertising on the edge》；右：@无敌的面包）

8.6 视线操控

对信息的组织和对观众视线的控制是排版的两个最重要的功能。操控视线的目的是满足"要事第一"原则。这一原则是如此的重要，以至于不得不将其内容再重复一遍：首先把观众的注意力吸引到最重要的信息上，而后再引向其他部分。对观众的视线控制得越好，PPT传递信息的效率和准确性就会越高。问题是，如何操控观众视线的移动呢？首先要顺应他，而后再引导他。

阅读习惯

观众在阅读时通常有以下习惯：从上到下、从左到右、从中心到外围、按顺时针、从大到小和从特殊到一般，如图8-56所示。

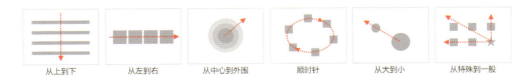

图8-56 当代中国人的阅读习惯

在排版中，我们需要根据观众的习惯对页面进行布局，以保证观众视线的流畅性。请注意图8-56中的最右一幅"从特殊到一般"：当观众的视线首先被吸引到五角星上后，视线可能的移动方向有多种，此时阅读的有序性被打破，从而产生疑问和慌乱，降低了阅读效率。

当对象的布局比较散乱时，视线的移动就很容易失去控制，如图8-57所示，各元素没有规律地分布在页面各处，上方的圆和下方的矩形在视觉上各有优势，因而无法确定阅读应该从哪里开始。而且，页面上的三处文字成三角排列，无论从哪儿开始到哪儿结束，视线都需要跳转而不能顺畅流动。而将各对象从上到下排列后，阅读的顺序就非常清楚和流畅了。

 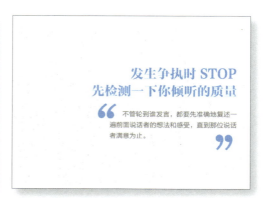

图8-57　顺应阅读习惯的设计（@小巴_1990）

视线引导

观众的阅读视线不仅受到习惯的影响，而且很容易受到点和线的引导。正如8.4节中所介绍的那样，在页面中，"点"总是最先吸引视线的元素，而目光又会受到线的影响而随之流动。因此，我们可以首先用"点"将读者吸引到阅读的起始位置，而后通过"线"来引导后续的阅读。

点的引导。在图8-58中，左图和右图的视线移动有很大区别。在左图中，观众的视线容易首先被四个红色的小点吸引，因而小点后面的内容会被首先阅读。而在右图中，小点的颜色换成了灰色，因而视觉上大大后退；小标题的颜色变成了暖色，因而吸引力显著提高。但在页面上，吸引力最高的是概括性文字左侧的红点，因而读者的视线会首先受之吸引而先阅读概括性文字，而后转移到小标题上，最后受到线的牵引才转移到四边形中的内容。

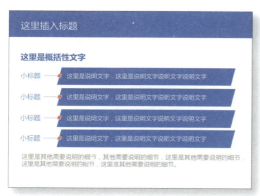 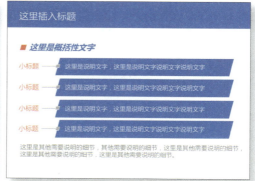

图8-58　"点"的引导作用

我们再看一个例子，如图8-59所示：页面的主次是非常清楚的，观众首先会被屏幕中间的手吸引并阅读上面的文字，而后视线转移到左上角的引号处阅读后续内容，在自左上角到右下角的阅读过程中，版面中心的重点会被第二次读到而再次强化其印象。这种设计固然突出了重点，但复杂的信息层次和视线的反复折回让人感到疲惫，因此这类设计用于杂志或海报没有问题，但作为PPT用在演示上会影响沟通效率，并不推荐。

线的引导。如图8-60所示，左图存在两个问题：（1）页面的视觉焦点不明确，尽管根据阅读习惯，

图8-59　视线操控案例（点）（选自《advertising on the edge》）

人们倾向于先从标题开始阅读，但观众仍很有可能首先被六个圆角矩形所吸引，而且在这六个"点"中，左上角的点和第一行中间的点在位置上都有自己的优势；（2）页面的阅读顺序模棱两可。尽管观众以先从左到右而后从上到下的Z字形顺序读完六个点的可能性较大，但也可能按照先从上到下而后从右到左的反N字形顺序阅读，同样还可能按照先从左到右后从右到左的U字形顺序阅读。为解决第一个问题，右图在概括性文字的旁边添加了一个突出的点，而后通过虚线规定了视线的移动方向。

图8-60　线的引导作用（1）

通过线的引导同样可以让观众按照Z字形顺序阅读，如图8-61所示。

除了点和线，读者的阅读顺序还受到序号的影响，如图8-62所示。

最后不要忘了，PPT不是静态的，我们还可以用动画。

图8-61　线的引导作用（2）

图8-62　序号的引导作用

8.7　统一风格

风格是否统一是PPT专业性的最直观体现。风格统一包含两个层次，首先是**一致性**，包括图片、图表、图示等素材的风格统一，字体和字号的选择、对比的形式、对齐的偏好在整个PPT前后保持一致，PPT中页面的版心线和网格结构一致等，如图8-63至图8-65所示。

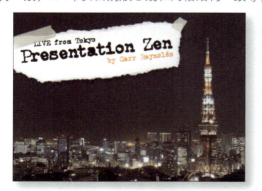

图8-63　一致的字体（Garr Reynolds）

图8-64　同一个图片库，一致的配色以及一致的修饰元素（@杨天颖GaryYang）

图8-65　图片处理效果一致（@灰色_风）

版心线规定了PPT页面排版的边界，如图8-66所示，页面内的对象应该尽量与版心线对齐，这样整个PPT看上去才是整齐规范的。但PPT的页面寸土寸金，规定了版心线就意味着排版的空间进一步减小，因此排版时也不必完全拘泥于此，尤其在展示图片时，突破版心线意味着视觉冲击的增强。

但是，如果你的PPT页面内容较多，细节丰富，且主要用于打印分发，那么不但推荐你利用版心线，而且应当建立网格以规范排版，如图8-67所示。

图8-66　推荐的版心线尺寸（郑琰）

图8-67　罗兰贝格PPT的网格结构

风格统一的第二个层次是**整体性**：PPT的素材、字体及背景等风格要能和谐共存，使PPT成为具有明确风格的有机整体。如图8-68所示，作者为PPT精心绘制了漫画风格的图片作为素材，然而在左图中，选用的字体微软雅黑平庸、呆滞，纯色的背景冷静、机械，这些都与漫画人物自然可爱的风格不符。而右图中，选用的正文字体方正北魏楷书具有手写感，标题字体方正细珊瑚自然随意，纸质的暖色背景给人以温馨和手工的感觉，使用的图钉和阴影效果让矩形看起来像是真实的卡片，这些元素的风格与漫画素材和谐共存，形成了有机统一的PPT风格。

图8-68　素材的和谐搭配塑造整体风格（@好PPT）

下面再举三个例子，请仔细分析是如何选取素材形成整体风格的，如图8-69至图8-71所示。

图8-69　"经典稳重"风格（@曾天Tim）　　图8-70　"手写笔记"风格（@小博新年要发奋）

图8-71　"商务精英"风格（@杨天颖GaryYang）

第9章
色彩感觉

色彩是PPT给人的第一印象，它奠定了PPT的整体基调，承载着所有的视觉信息，同时也是人类观察和认识世界最重要的工具。色彩就是这么霸道，这么任性。

配色就是根据需求选取颜色，这包含两个问题：一是选择哪种颜色作为基调，即主色的选择，二是选择哪些颜色与之搭配，即辅色的选择。学习配色要从认识色彩开始。

9.1 定义颜色

色彩是人类对光的主观感受：当光穿过瞳孔落到视网膜上后，形成的电信号经由大脑诠释，我们就感受到了色彩。自然界中存在的颜色有无数种，那么如何定义其中的一种呢？我们一般使用两种模式：HSL模式和RGB模式。

HSL模式

HSL模式是通过色相（Hue）、饱和度（Saturation）和明度（Lightness）三个参数来定义颜色的方法。

色相是色彩的首要特征，如图9-1所示。电磁波中人眼可以感知的波段就是可见光，此波段电磁波的波长在400~700nm之间。色相是由光的波长决定的，如红色光的波长在647~700nm之间，蓝色光的波长在424~490nm之间。黑、白、灰这三种颜色没有色相。

图9-1 色相

饱和度也叫纯度，是指色彩的纯净程度，如图9-2所示。不同纯度的颜色可通过向原来的颜色中掺入灰色得到，掺入的灰色越多，饱和度越低。

图9-2 饱和度

明度，又叫亮度，是指色彩的明暗程度，如图9-3所示。在颜色中掺入白色其明度会提高，反之掺入黑色其明度会降低。

图9-3 明度

RGB模式

显示器显示的所有颜色都是通过三种基本颜色混合而成的,这三种颜色分别是红(Red)、绿(Green)和蓝(Blue),如图9-4所示。每一种颜色的取值范围是0~255,数值越大则该颜色的比例就越高。当三种颜色各自的取值确定时,就可以得到一种颜色,这样的颜色模式就是RGB模式。在各种软件中,同一颜色的RGB取值是唯一的,因此在交流配色方案时,使用的都是颜色的RGB值。

图9-4 几种显示器的像素排列放大图

在PowerPoint中,你可以在"颜色"对话框中通过以上两种模式找到所需的颜色,方法如下。

选定任意对象,单击"开始"选项卡"字体"命令区"设置字体颜色"按钮的下拉菜单,选择"其他颜色",就会打开PowerPoint的"颜色"对话框。在"颜色"对话框的"自定义"标签页上,可以通过调色板或赋值区选择所需要的颜色。如图9-5所示,在调色盘上,同一水平高度的颜色具有不同的色相,同一竖直位置的颜色具有不同的饱和度,调色盘右侧为明度调节条。在颜色赋值区中,你可以使用HLS和RGB两种模式输入颜色的参数值。

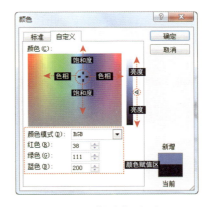

图9-5 "颜色"对话框

9.2 色彩的感受

色彩与触觉、气味一样,是一种主观感受,因此,学习色彩最重要的就是用心去感受它,而不是死记硬背、生搬硬套什么配色法则。用心感受,就是仔细描绘各种颜色在你心中的感觉:比如说一种颜色是快乐的还是悲伤的、浮躁的还是稳重的、轻柔的还是坚实的、热情的还是疏远的、奔放的还是严谨的、妩媚的还是阳刚的,等等,而不是笼统地说这种颜色"很有感觉"。

色彩给人的感受会随着色相、明度及饱和度的改变而发生微妙变化。

冷暖。色彩会给人冷暖感,蓝色会使人联想到海洋而给人以冷的感觉,红色让人联想到火焰而给人以暖的感觉。色相越接近蓝色给人的感觉就越冷、越稳重,越接近红色给人的感觉就越暖、越活跃。一般认为，红、橙、黄是暖色，蓝、青是冷色，而绿、紫、黑、白、灰这几种颜色为中性色。如图9-6所示。相对于冷色，暖色的视觉吸引力更强，因此在排版中经常用于强调。

图9-6　色彩的冷暖

明暗。对于同一色相，明度越高给人的感觉越亮，反之则越暗。但即使在相同的明度下，色彩的明暗感受也会随着色相的变化而不同。如图9-7所示，黄色、青色和品红色明显要比红色、蓝色和紫色看起来更明亮一些。

图9-7　色彩的明暗

轻重。对于两个完全相同的形状，填充明亮的颜色时看起来更轻，而填充暗沉的颜色时则看起来更重，如图9-8所示。颜色越轻，给人的感觉越柔和、明快、清爽，颜色越重，给人的感觉越坚硬、踏实、压抑。

膨胀与收缩。同样的形状填充波长大、明度高的颜色时，要比填充波长小、明度低的颜色显得更大。相对而言，前一类颜色是膨胀色，后一类颜色则为收缩色。如图9-9所示，左侧中间的红色方块看起来明显要比右侧的蓝色方块大一些，虽然实际上它们的尺寸完全相同。

图9-8　色彩的轻重

图9-9　色彩的膨胀与收缩

前进与后退。同一个形状填充不同的颜色时，还会给人以前进或后退的感受，这种前进和后退感与背景的颜色有关。在浅色背景下，暗色看起来像在亮色的前面，而在深色的背景下，暗色看起来却又像在亮色的后面，如图9-10所示。前进的颜色比后退的颜色更容易抓住视线，这一原理在排版时会频繁用到。

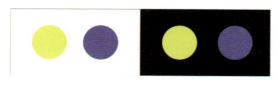

图9-10　色彩的进退

张扬与内敛。饱和度越高，颜色越跳跃醒目，给人的感觉越年轻、张扬。饱和度越低，则颜色越沉稳低调，给人的感觉越成熟、内敛。如图9-11所示，对于每一个小组，左侧的图形饱和度最高，颜色最为纯净，但太过跳脱刺眼，而右侧的形状仅仅将其饱和度降低了一半，感觉就已舒缓了很多。

图9-11 色彩的张扬与内敛

9.3 色彩的性格

主色奠定了PPT的整体风格和基调，而要选择合适的主色，则必须从了解各种颜色的性格着手。

红色

红色让人联想到食物、火焰、血液和权力，因而代表了食欲、热烈、喜庆、激情和华贵，但也会给人带来危险、愤怒、敌对、革命等消极及中性感受。红色是最暖的颜色，视觉吸引力很强，因此很多标示都使用红色作为主色。在PPT中，红色经常用作强调色，以凸显重点，但红色又太过浓厚热烈，以红色作为背景很容易造成视觉疲劳，让人难以将注意力集中于背景前的内容上。

红色与黄色、橙色、青色、蓝色等颜色都有不错的搭配效果。

在国内，红色是党政、喜庆节日等PPT的默认主色，也可以用在食品、竞技体育等行业。红色系网页如图9-12所示。

图9-12 红色系网页

橙色

橙色让人联想到水果和初升的太阳，因此能给人健康、年轻、活力、快乐的感觉。同红色类似，作为一种典型的暖色，在排版中橙色也常常作为强调色使用。橙色与红色、绿色均搭配良好。

儿童、设计、餐饮等行业的PPT都倾向于使用橙色。橙色系网页如图9-13所示。

图9-13　橙色系网页

黄色

黄色让人联想到阳光、水果、沙滩和丰收，是青春和快乐的颜色。亮黄色是活力四射的，轻快与娇嫩的同时显得不够稳重，又像是未熟透的水果，有一种酸酸的感觉。金黄色让人联想到龙袍与黄金，具有皇家和贵族的气质。

黄色与黑色的搭配非常经典，此外，黄色与红色、绿色、蓝色、紫色也都能形成不错的搭配。

黄色作为主色常被应用于餐饮、娱乐、儿童、服装、房产等行业。黄色系网页如图9-14所示。

图9-14　黄色系网页

绿色

绿色让人直接与植物联想起来，传达了健康、有机、环保的理念。偏向黄色的绿色就像刚刚萌发的嫩芽，给人年轻和充满希望的感觉；偏向蓝色的绿色又让人联想到碧绿的湖泊，安详、宁静、晶莹剔透。因而绿色既有健康活力的一面，又有成熟稳重的一面。

绿色常常与蓝色、橙色、黄色相互搭配。

餐饮、装修、教育、保险等行业常使用绿色作为主色。绿色系网页如图9-15所示。

图9-15 绿色系网页

蓝色

蓝色总能让人联想到天空和海洋，作为一种典型的冷色，蓝色具有低调、沉稳、缜密的风格。较深的蓝色既像宝石一样华丽，又像深海一样镇定、严肃，因而被认为是严谨理性、富有分析力的。较浅的蓝色则给人干净、清新脱俗的感觉。

蓝色与白色搭配起来非常脱俗，与红色、绿色、黄色、紫色的搭配也很常见。

金融、科技、教育、医药、咨询等行业都对蓝色非常青睐。蓝色系网页如图9-16所示。

图9-16 蓝色系网页

紫色

紫色在自然界中由于比较少见因而显得神秘，所以给人的感觉是高贵的、梦幻的或者恐怖的。紫色偏向红色时，表现出温柔性感的女性气质；偏向蓝色时，则透射出成熟的贵气。

紫色与黄色是对比色，两者的搭配在设计中比较常见。

紫色在婚庆、美妆、女性服装行业中用得较多。紫色系网页如图9-17所示。

图9-17 紫色系网页

白色

白色使人联想到冰雪、白云及百合等，给人以纯洁、光明、高雅、简约的感觉，代表了和平、高贵和神圣。其他颜色与白色混合后，会显得更加柔软和轻快。白意味着空，白背景会让页面显得干净简洁，体现出极简主义的精神。使用白色作为背景时，页面的打印效果是最安全的。

作为一种中性色，白色与任何颜色都搭配良好。

科技、珠宝、设计、艺术等行业常常使用白色作为主色。白色系网页如图9-18所示。

图9-18 白色系网页

黑色

黑色使人联想到夜晚，给人以神秘、庄正、冷酷、高雅的感觉。厚重和冰冷赋予了黑色完美主义的气质，使之成为成熟、品质和高贵的代表。以黑色作为背景，色彩给人的感觉会更加明亮和醒目。当投影环境很暗时，黑色的PPT背景将与周围环境融为一体，投影效果就会显得很大气。

黑色也是一种百搭的中性色。设计、科技、精密制造和奢侈品等行业常以黑色作为主色。黑色系网页如图9-19所示。

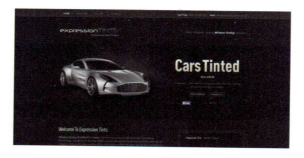

图9-19 黑色系网页

灰色

灰色使人联想到金属，给人的感觉是锋利、机械、简约和现代。灰色具有人造和非自然的属性，体现了工业社会的特质。灰色结合了白色与黑色的特点，既简约又沉稳，但与极简主义的白色和完美主义的黑色相比，灰色显得中庸而低调。当两种颜色相互冲突时，灰色可以起到很好的调和作用。

灰色几乎可以与任何颜色相搭配。科技和设计等行业也常以灰色为主色。灰色系网页如图9-20所示。

图9-20 灰色系网页

棕色

棕色让人联想到泥土、木材，给人的感觉是柔和、自然、简朴和亲近。与灰色的特质刚好相反，棕色具有农业和手工的属性，使用棕色常会带来返璞归真和平易近人的感觉。

棕色也是一种百搭色，无论是橙色、红色、绿色还是蓝色，放到棕色的背景上都非常自然。棕色作为主色，常用于餐饮、食品、服装、家居等领域。棕色系网页如图9-21所示。

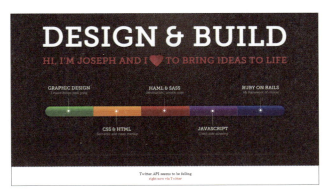

图9-21 棕色系网页

9.4 色轮

FPT的主色选定之后，再为其选择辅色就可以确定配色方案了。而为了选择合适的辅色，除了经验，你还需要认识色轮。

色轮的生成

色轮是以红、黄、蓝为三原色创建的：首先将红、黄、蓝三种颜色各自呈120°放到圆盘上，而后，等量混合相邻的两种颜色，即可得到三种间色，最后将相邻两种颜色再次等量混合得到六种复色，最终形成一个拥有12种颜色的色轮，如图9-22所示。当然，以上过程还可以继续无限地进行下去。

图9-22 12色轮的形成过程

色彩关系

在色轮上，由一种色相通过调整明度和饱和度构成的一组颜色叫作同色系，色轮上相差60°以内的颜色称为临近色，相差90°以内的颜色称为同类色，相互之间角度为180°的两种颜色称为互补色，角度为120°的两种颜色称为对比色，某一颜色与其互补色两侧30°的两种颜色则组成分裂互补色，各自相差90°的四种颜色称为四角色，如图9-23所示。

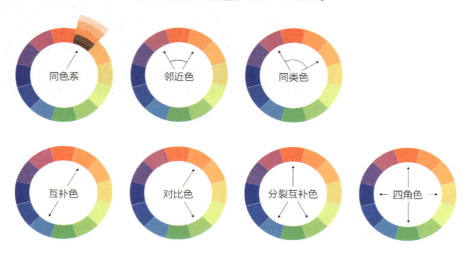

图9-23 色轮上的色彩关系

同色系、邻近色和同类色，在色相上是"你中有我、我中有你"的关系，相容性很好，搭配效果是非常和谐的。此类搭配的目的是丰富主色调的细节层次，防止页面效果过于单调，如图9-24所示。

图9-24 同色系、邻近色和同类色

互补色、对比色和分裂互补色之间色相差异明显，前后关系明确，因而可用于寻找主色调的强调色。这样，结合主色的同色系、邻近色和同类色，我们就可以创造一个重点明确同时细节丰富的色彩组合，如图9-25所示。

互补色　　　　　分裂互补色　　　　　对比色

图9-25　互补色、分裂互补色、对比色与同类色搭配

四角色则可用于创造相互并列但又差异明显的色彩组合，如图9-26所示。但此类配色意味着同时存在两种前进色，因而容易引起混淆、难以突出重点。在PPT中尽量不要使用此类配色。

图9-26　四角色

到这里你可能会有疑问，因为按照同样的方法配色后，为何效果没有示例中的和谐。答案是：不要粗暴地使用色轮上得到的纯色，在找到了相应的颜色后，需要调整其明度、饱和度，以及轻微调节色相以达到和谐效果。

色轮工具

使用色轮前你需要一个趁手的色轮工具。尽管PowerPoint的配色对话框提供了一个简易的色轮，如图9-27所示，但这远远不够。

想要充分利用色轮，你需要一个色轮软件或者在线色轮工具。软件这里推荐ColorSchemer Studio，收费软件，但强大易用，如图9-28所示。免费的工具推荐使用Adobe Color CC（https://color.adobe.com/，如图9-29所示）或Paletton（http://paletton.com/，如图9-30所示）。除了色轮工具，ColorSchemer Studio还具有相似色生成、渐变生成、图片取色及联网的配色库等功能。Adobe Color CC也提供了一个在线的、由众多用户制作的配色方案数据库。

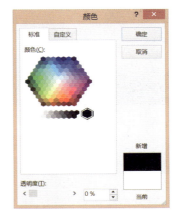

图9-27　PowerPoint内置的色轮取色器

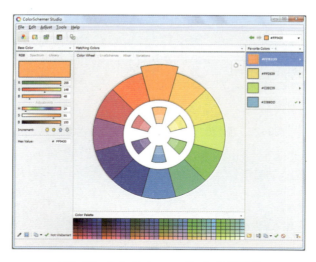

图9-28 ColorSchemer Studio色轮界面

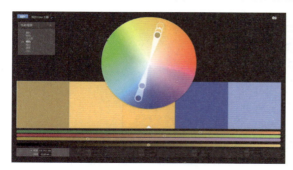

图9-29 Adobe Color CC的色轮工具

图9-30 Paletton的色轮工具

当然,为了更快捷地利用上述工具的配色结果,还需要一个取色工具,比如ColorPix、Color Cop等,截图软件Faststone也有取色功能,如图9-31所示。这些取色软件都可以很容易的下载到。另外,PowerPoint 2013已经内置了取色器功能。

9.5 配色方法

如本章开头所说,PPT的配色,就是选择主色和为主色选择辅色这两项内容:前一项是根据PPT的精神内涵选择性格上与之呼应的颜色,后者是根

图9-31 FastStone Capture的取色界面

据主色选择能够丰富其细节及能与之形成强烈对比的颜色。

背景色不一定是主色，也不是所有的PPT都有明显的主色，只要PPT的颜色与其精神内涵是和谐统一的，就不必拘泥于这些问题。尽管色轮能够为配色提供一些参考，但配色并没有什么金科玉律。评价配色的好坏，最重要的评判标准是你内心的感觉。

一个PPT中使用的颜色越多，需要的色彩驾驭能力就越强。不要轻易尝试复杂的配色方案，如果配色水平较低，那么往往配色越简单，做出的PPT越好看。因此，对于配色能力不高的人，选择的配色方案中色相越少越好。

纯色

除了黑白灰，纯色类配色方案只使用一种颜色：单一色相、单一明度、单一纯度。这是一种最简单的配色方案，但画面纯净简约，效果震撼，如图9-32所示。

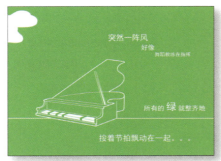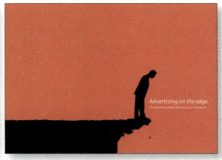

图9-32 纯色系：蓝与白（左：hanyan；右：选自《advertising on the edge》）

纯色类的PPT过于纯净，因而对素材的选择是相当挑剔的，色彩活跃度很高的图片、图表等素材会使画面的纯粹感荡然无存。因此其图片素材以矢量图和手绘图为主，对制作者的绘图水平有一定要求。纯色类PPT可以使用颜色的渐变来增加表达手段。在使用图片时，要对其进行降低饱和度等处理，如图9-33所示。

图9-33 纯色系PPT举例（左：Eyeful；右：SOAP）

同色系

一个色相的同色系加上黑白灰即可构成色系配色方案。相对于纯色类配色，同色系配色视觉效果更丰富，允许构成更多的信息层次和细节，如图9-34所示。

图9-34　同色系PPT举例（左：微软官方；右：Jeremy Fuksa）

使用不同明度的灰色与另外一种色相的颜色也能构成一个同色系配色方案，如图9-35所示。

在PPT中，创建一个同色系非常容易：首先在"颜色"对话框"标准"标签页中，选择一个与主色匹配的颜色，如图9-36所示。

而后在"颜色"对话框"自定义"标签页中，选择HSL颜色模式。保持色相值不变，更改颜色的饱和度与亮度，即可得到一系列相同色相的颜色，如图9-37所示。

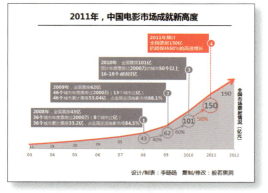

图9-35　单一颜色与中性色系搭配效果（李旸旸）

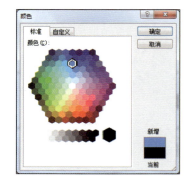

图9-36　"颜色"对话框的"标准"标签页

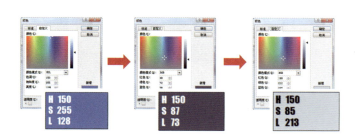

图9-37　创建同色系步骤

双色相

双色相类配色方案包含两个色相，通常由一种暖色和一种冷色，或者一种颜色和另一种颜色的同色系构成。双色相配色让PPT气质明确又重点突出，因而是最常用的配色方案。选择的两个色相以对比色关系最为常见：如红-蓝、蓝-黄、黄-红、绿-橙等，如图9-38所示，而互补色关系如蓝-橙、紫-黄、绿-红等则用得较少，如图9-39所示。双色系配色一般以冷色为主色，暖色为强调色。

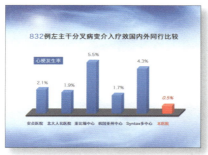

图9-38 双色相配色——对比色（右下：@Lonely_Fish）

图9-39 双色相配色——互补色（左：@Lonely_Fish；右：@无敌的面包）

多色相

多色相的配色方案包含三个以上的色相。除非对色彩的掌控能力很强，否则本书不建议你使用多色相配色，原因有四个：一是多色相PPT通常看起来随意、幼稚而不够稳重，整体气质不够明确，使用场合有限；二是多种色相使得重点难以突出，且会给读者带来额外的解读压力；三是和谐使用多种色相要求制作者具有较高的色彩驾驭能力；最后，多色相可以做到的事情使用两个以下的色相同样可以做到。总之，你愿意穿着糖果色的衣服去参加一个重要会议吗？

多色相配色唯一值得一提的作用，是防止并列关系的对象看起来过于单调。在主色明确的情况下，可以小范围使用多种色相作为点缀，如图9-40所示。那么这种多色相的配色方案应该如何制作呢？答案是凭感觉。

图9-40　多色相配色举例（左：肆无设计；右：@无敌的面包）

9.6　配色的捷径

配色方案可以从很多地方直接偷来，如企业VI、他人的PPT等。只要使用取色软件获取其配色方案中各颜色的RGB值，而后直接应用到你自己的PPT中即可。

使用企业的VI配色

企业的VI包括LOGO、宣传册、网站等，直接使用其中的配色是稳妥而保险的做法。如图9-41所示。

图9-41　使用企业VI色

借用优秀PPT的配色

多色相的配色方案自己配色比较困难，如果需要，可直接从别人的PPT，尤其是专业PPT公司的PPT模板中得到。

如果PPT模板里保存着配色方案，则单击"设计"菜单的"颜色"按钮，选择"新建主题颜色"，命名并保存后该配色方案就添加到自定义配色中了，以后直接调用即可。对于没有保存配色方案的PPT，需要使用取色工具将PPT中颜色的RGB值记录下来。

尽管专业PPT公司的PPT模板一般是收费的无法下载到，但其配色方案却可以直接从产品预览中取得，如图9-42所示。一些知名的PPT商业网站见附录I。

图9-42　借用专业PPT公司的模板配色

从图片中取色

如果已经选择了一张漂亮的图片作为封面背景，那么直接使用取色软件从图片中提取颜色，所得到的配色方案与图片搭配再合适不过，如图9-43所示。

图9-43　从图片中取色

203

第10章
模板速成

PPT是一个量身定制的产品，模板是它的外包装。别人的包装可能看起来很漂亮，但却难以体现自家产品的特质。网上的模板数以万计，真正适合你PPT的恐怕寥寥无几。况且，一个连模板都是下载来的PPT是难以体现演示者的诚意的。

实际上，尽管模板看上去千姿百态，但制作上却遵循固定的套路。掌握了这些套路，为PPT量身定制一个模板再容易不过。

10.1 模板的构成

一个完整的PPT模板包括PPT的页面设置、主题版式、主题颜色（配色方案）和主题字体（字体方案）四个部分。你可以在"设计"选项卡中选择要使用的模板主题，更改页面大小以及修改配色和字体方案，如图10-1所示。

图10-1 "设计"选项卡

"设计"选项卡分为"页面设置"、"主题"以及"背景"三个部分。

"页面设置"用于规定PPT页面的大小和长宽比例。单击"页面设置"命令会弹出"页面设置"对话框，如图10-2所示。其中，在"幻灯片大小"中可以更改PPT的页面大小及其比例。PPT页面的比例应该由使用场合决定：如果是用于演示，则页面比例应该与投影仪相同。目前大部分投影仪的比例都是4∶3，若PPT选择了其他比例则会在投影幕布的上下或左右余出两块黑色的空当，从而浪费掉宝贵的页面空间；如果PPT主要用作网上传播内容的载体，则应该使用16∶9，这是目前大部分显示器的比例；如果你的PPT主要是用于打印后作为文件传阅，那么最佳的尺寸是与A4纸相同。

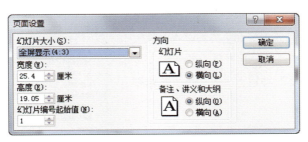

图10-2 "页面设置"对话框

"主题"菜单区显示的是正在使用的以及PowerPoint上保存的备用主题。单击下拉按钮弹出的下拉菜单如图10-3所示，单击菜单底部的"保存当前主题"命令，在弹出的对话框中即可保存当前PPT里的主题。你可以通过这样的方法保存下载到的或者制作好的新主题，以后制作PPT时直接调用即可。所有保存的主题文件（thmx格式）都存放在"保存主题"对话框的路径中，备份这些文件并复制到其他机器的相关路径中，就可以在其他机器上使用这些主题了。

"主题"菜单区右侧有"颜色"、"字体"和"效果"三个按钮。单击"颜色"按钮将进入如图10-4所示的菜单。

图10-3 "主题"下拉菜单

图10-4 "颜色"下拉菜单

可以通过颜色菜单中的主题颜色来切换当前PPT模板的配色方案。单击颜色菜单底部的"新建主题颜色"命令,即可创建一组新的"主题颜色",如图10-5所示,在这里将为PPT定制的配色方案输入到模板中。新建的主题颜色会出现在该菜单最顶部。

同样的,通过"字体"按钮也可以切换、新建和保存模板的字体方案。

10.2 创建模板

单击"视图"菜单中的"幻灯片母版"按钮,将会出现母版视图和"幻灯片母版"选项卡,如图10-6所示。母版视图用于修改当前的PPT主题。网上下载的幻灯片上的LOGO可以在这里去除。

图10-5 "新建主题颜色"对话框

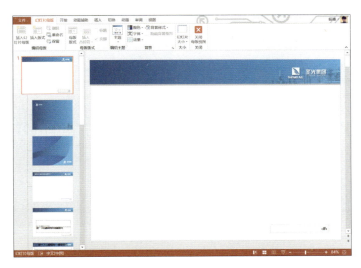

图10-6 母版视图

母版视图左栏最上方较大的页面为模板的母版式，如图10-7所示大页面下面的小页面为模板的子版式。更改母版式内容后，其所有的子版式都会发生更改，除非子页面在"设置背景格式"中勾选了"隐藏背景图形"。一个PPT模板一般至少需要三个子版式：封面版式、转场版式和内容版式。封面版式用于PPT的封面，转场版式用于章节封面，内容版式用于PPT的内容页面。其中，内容版式和封面版式是必需的，而PPT较短时可以不设计转场版式。

版式制作完成后，关闭母版视图。输入主题颜色及主题字体后，即建立了一个完整的PPT模板。配色与字体在前面的章节中已作过介绍，本章重点讲解模板版式的设计。

图10-7 主版式和三种基本子版式

10.3 封面设计

封面是观众看到的第一张PPT，关乎观众对演说的第一印象。但封面出现的时间很短，其作用不必过于夸大。与其过于追求封面的惊艳效果，不如多给内容分配些时间。因此封面没必要做得过于花哨，简单地突出PPT的主题即可。

文字型

如果找不到合适的图片,仅通过文字的排版也可以做出一个不错的封面。为防止页面过于单调,可以使用渐变色或肌理作为背景,如图10-8所示。

图10-8 文字型封面(1)

色块的碰撞除了丰富版式,还能够起到聚焦的作用,如图10-9所示。注意在两个色块交接处,灰色的线条起到了调和的作用,使页面看起来更协调,在封面的设计中会频繁用到这一技巧。

图10-9 文字型封面(2)

不规则形状或曲线能够打破静态的印象,获得动感,如图10-10所示。

图10-10 文字型封面(3)

小图型

相对于文字型，小图型封面更值得推荐。较小的图片会成为页面的视觉焦点，在页面中最先吸引观众注意。如果图片是切题的，那么观众就可以迅速抓住PPT内容的重点。即使是一张小图，在页面中也能起到画龙点睛的作用，如图10-11所示。

图10-11 小图型封面（1）

如果PPT介绍的是某种产品，则将产品的图片放到封面再合适不过，如图10-12所示。

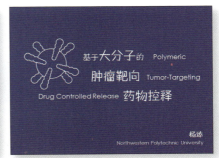

图10-12 小图型封面（2）

当然，完全可以在封面中使用多张小图，其大小、位置及颜色变化可以产生节奏感，如图10-13所示。

图10-13 小图型封面（3）

半图型

半图型封面是将一幅大图裁切后做成的。这种封面图版率较高,大尺寸的图片已经足以带来不错的视觉效果,因此没有必要使用复杂的图形装点页面。

直接在页面底部添加形状挡住部分图片,而后将文字放在形状上是最简单的做法,如图10-14所示。

图10-14 半图型封面(1)

将文字向上移动即可得到半图型封面的第一种变化,如图10-15所示。

图10-15 半图型封面(2)

将文字放到图片上即可得到第二种变化,如图10-16所示。

图10-16 半图型封面(3)

第三种变化是使用垂直或倾斜版式，如图10-17所示。

图10-17　半图型封面（4）

使用曲线代替直线轮廓的形状可得到第四种版式，如图10-18所示。

图10-18　半图型封面（5）

全图型

全图型封面是将图片铺满整个页面，而后把文本放置到图片上，为了让文本能够看得清楚，需要改变图片亮度，对图片进行虚化，或者在文本下方添加半透明或不透明的形状作为衬底。为了缓解形状与背景的视觉冲突，常需要为其添加各种边框，如图10-19所示。

图10-19　全图型封面（1）

图10-19　全图型封面（1）（续）

只需改变衬底的形状，就可以得到完全不同的封面版式，如图10-20所示。

图10-20　全图型封面（2）

10.4　内容页设计

内容页的设计主要是做好以下四点：文本、图表等素材的展现效果要清晰，页面风格与封面要保持一致，尽可能提高页面的可用空间，将观众的注意力更多地吸引到内容上。内容页的设计包含三个部分：背景、标题栏和内容区。

背景

背景就是PPT的画布。在PPT中，背景可分为两类：白色背景和其他背景，如图10-21所示。为保证内容的易读性和突出性，无论采用哪种背景，都需要足够纯净、简单。

图10-21　内容页背景样式

白色背景最容易掌握，且适用于大多数场合。在白色的背景下，内容的易读性最高，可搭配的素材风格最广，内容看上去最突出。如果白色会让有些人觉得"空"，则可以使用浅灰色、浅灰色渐变、白色调肌理等替代白色作为背景。

白色以外的背景一般具有明显的风格，因此使用其他背景时，元素的颜色、素材的挑选就会受到限制。这不是缺点，风格明确的PPT总是被大家喜爱的，只要与演示的气氛相和谐即可。但要注意，如果背景的颜色太深，则可用的字体颜色除白色、浅灰和亮黄外寥寥无几，其他元素的颜色则要足够鲜艳，以从背景中凸显出来。因此相对于浅色，深色的背景对PPT制作者要求更高。但在黑暗的演示环境下，白色的背景很刺眼，深色的背景看起来则舒适地多。

标题栏

让观众第一眼就注意到标题是很重要的，因为要让观众知道演说者在讲什么，没有什么是比标题更快、更准确的。因此，标题应该放在一个固定的、显著的位置，这个位置就是标题栏。

按照国内的阅读习惯，标题栏放到页面上方比放到页面下方更合理。常用的标题栏样式如图10-22所示。无论采用哪种样式，标题的格式都应该与其他内容显著地区分开来。

图10-22　常见的标题栏样式

对于比较随意的非正式场合，为了方便排版、获得最佳视觉效果，标题的位置无须固定，只要格式上保持一致即可。但在正式场合，标题栏是严谨的、必要的。

内容区

内容区是PPT页面上可以放置内容的区域。对于绝大多数PPT，内容区就是页面本身。但也有一些PPT会在页面的边缘添加明显的空当，如图10-23所示，这些空当一般是用黑色填充的，且空当上不会放置任何内容。

图10-23　内容区

空当的存在消耗了可利用的面积，在某种程度上降低了排版的灵活性，但空当一方面改变了内容区的形状，使页面更具新鲜感，另一方面起到了稳定版式的作用，如图10-24所示。

图10-24　空当的作用（左：@曹将PPTao；右：@大乘起信_vht）

10.5 导航系统

PPT的导航系统包括页码、目录、转场页、进度条等。导航系统是演示的进度计，是观众的指南针，它能够帮助观众把握整个PPT的脉络、重点以及演示的进度，让观众更好地掌控演示的节奏。

对于一个很短的PPT，导航系统的作用并不明显，甚至常常显得多余。例如一个不到10分钟的演示，与其添加目录、页码等导航元素，倒不如将演示的内容设计得更紧凑些。但对于一个篇幅很长的PPT，为了防止观众不知所云，设计一个导航系统就极为必要了。

目录

出版物的目录是为了帮助观众快速找到所需内容，与之相比，PPT目录的作用是让观众了解PPT的整体架构。因此，好的PPT目录需要能够一目了然地将架构呈现出来。而要达到这一目的，关键在于将目录内容与逻辑图示相结合。

目录与时间轴的结合最为常见，好处是可以让观众同时了解到演示中各个部分所需要的时间，如图10-25所示。

 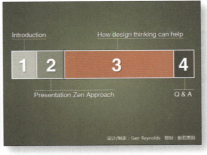

图10-25 时间轴与目录结合（左：@无敌的面包；右：Garr Reynolds）

时间轴式的目录仅仅提供了内容列表和介绍的先后顺序，而要呈现出PPT内容内在的逻辑关系，则需要借助其他形式的图示，如图10-26所示。

 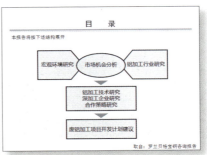

图10-26 递进图与目录结合（左：刘浩）

转场页

转场页用于提醒观众前一章节的结束和新章节的开始，告知观众演说的进度，帮助他们重新集中注意力，如图10-27所示。在转场页，我们还可以对后续内容作简要的介绍，让观众心中有数，如图10-28所示。当然也可以兼顾以上两个目标，如图10-29所示。

图10-27　带有进度指示的转场页（右：@无敌的面包）

图10-28　带有下节要点提示的转场页

图10-29　带有进度指示和要点提示的转场页（左：刘浩；右：无敌的面包）

页码

除非PPT最终会被打印成册，否则一般认为PPT是不需要页码的。因为只显示当前页的页码不能起到任何实质作用。但是，如果页码在挡出当前页数的同时还标识出总页数，则观众就可以通过页码了解演示的进度了。

出版物习惯将页码放在右下角，但在PPT中没有规定必须如此。你可以将页码固定在任何不影响阅读和排版的位置，如图10-30所示。为了让页码看起来更明显和美观一些，可以对其做简单的装饰，甚至可以通过不同的页码底色区分章节。

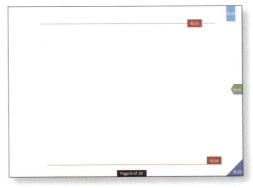

图10-30 常见的页码位置

在幻灯片母版视图中，可以对页码的格式进行编辑。在页码框中，起始内容为"<#>"，它会在关闭模板视图之后变成页码，将页码框内容变为"文字<#>文字"，则关闭模板视图后就会显示为"文字页码文字"的形式。因此将总页数添加到"<#>"处就可以同时显示当前页和总页数，从而具备进度条的功能。

导航条

导航条用于帮助观众随时了解PPT的进程。导航条不是必需的，但可成为锦上添花之笔，尤其对于篇幅很长的PPT，导航条能够有效地帮助观众把握演说的节奏。

导航条只需占据很小的空间，因此在设计上非常灵活。导航条的位置一般是固定的，我们可以把它放在顶部，也可以将它放在底部；既可以把它放到两侧，也可以放在任何不影响内容的地方。导航条可以使用进度条的形式，也可以使用文本、数字或者图片。如图10-31至图10-34所示。

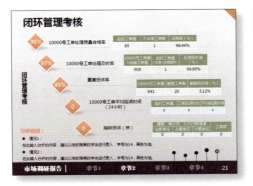
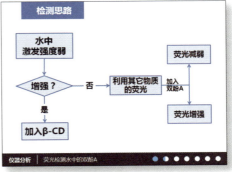

图10-31 底部导航条（左图示设计：@无敌的面包）

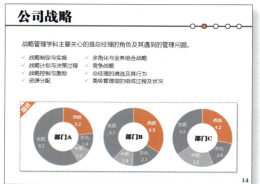

图10-32 顶部导航条（左：@大乘起信_vht）

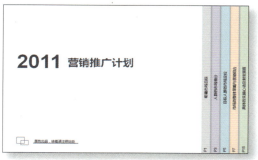
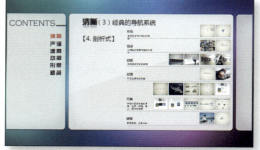

图10-33 侧边导航条（左：@无敌的面包，右：@锐普PPT陈魁）

图10-34 文字和图片导航条

第11章
保存发布

PPT完成之后必须注意文件兼容性、字体嵌入等保存和发布的问题，否则做好的PPT观众无法打开观看，或者观看的效果与原设计相比大打折扣，那么之前的努力就有功亏一篑的危险。

11.1 文件的格式

PowerPoint 2010能将PPT保存或导出为多种格式，其中常用到的格式如下。

pptx：PowerPoint 2007及以上版本默认的文件格式。相对于ppt格式，pptx格式文件的体积更小，与PowerPoint 2007及以上版本的兼容性更好。唯一的缺点是PowerPoint 2003及以下版本无法打开。

ppt：PowerPoint 2003及以上版本都可以打开的文件格式。但PowerPoint 2010及以上版本制作的一些页面效果保存为ppt格式时会被替换为淡出。

ppxs：PowerPoint 2007及以上版本支持的文件格式。与pptx的区别在于，此格式的文件打开后直接进入幻灯片播放界面，关闭后直接退出PowerPoint，因此无法进入编辑界面对其进行修改。

pps：PowerPoint 2003及以上版本支持的文件格式。与pptx格式类似，pps文件打开后直接进入幻灯片播放界面。pps格式的文件可直接重命名为ppt格式，从而可以在编辑界面进行修改。

wmv/mp4：PowerPoint 2010及以上版本可以直接将ppt导出为这两种格式的视频文件。当然，视频文件无法再通过PowerPoint编辑内容，也不能像PPT一样通过鼠标控制其播放。如图11-1所示，依次单击"文件"→"保存并发送"→"创建视频"，即可设定视频的分辨率和是否包括计时和旁白等信息。"放映每张幻灯片的秒数"是指一页幻灯片上所有的动画自动播放完成后，停留多长时间进入下一张幻灯片。

图11-1　将每页幻灯片导出为视频

pdf：PowerPoint 2010及以上版本可以将PPT导出为pdf格式的文件。依次单击"文件"→"保存并发送"→"创建PDF/XPS文档"，在弹出的窗口中单击选项，则可设定导出备注、大纲或者每页pdf文件上的幻灯片数量，如图11-2所示。

docx：PowerPoint 2010及以上版本可以将PPT导出为Word格式的讲义。依次单击"文件"→"保存并发送"→"创建讲义"，弹出的窗口如图11-3所示，可以在这里设定讲义的格式。

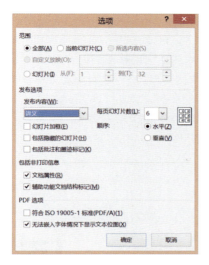
图11-2 将幻灯片导出为PDF相关选项

图11-3 幻灯片导出为讲义的相关选项

png/jpeg： PowerPoint 2010还支持将幻灯片导出为png或jpeg格式的图片文件。

此外，在"文件"→"保存并发送"→"更改文件类型"中的"演示文稿文件类型"中，选择"PowerPoint图片演示文稿"，则生成的PPT的每一页幻灯片的内容都会变成一张图片，此时所有动画效果会消失，PPT内容也无法再进行编辑，如图11-4所示。

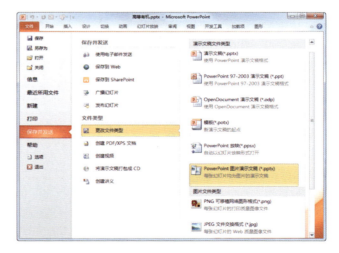
图11-4 将每页幻灯片转为图片

11.2 兼容性问题

① 如果没有特殊要求，制作完的PPT一般会保存为pptx或ppt格式。最终在演示中使用哪种格式，则要由演示时使用的计算机决定。如果演示时用的计算机安装的是PowerPoint 2007及以上版本，则优先使用pptx格式；如果演示时用的计算机安装的是PowerPoint 2003或以下版本，则必须保存为ppt格式；如果不能确定演示时所用计算机的Office版本，则应该将文件保存为ppt格式。

❷ 使用PowerPoint 2010创建的ppt格式文件，在PowerPoint 2003上播放时，效果可能会与使用PowerPoint 2010播放有细微的差别（比如文字错位）。因此在将PowerPoint 2010上制作的文件保存为ppt格式后，应该在安装有PowerPoint 2003的机器上检查播放效果。

❸ 要注意字体的嵌入问题。如果使用了自己安装的字体，那么保存文件时必须检查字体是否已经嵌入到文件中。对于一些无法嵌入的字体，你需要将之转换成图片。注意，在嵌入字体后，ppt每次保存或者自动保存都会消耗大量的CPU资源和时间，导致电脑变得很"卡"，因此应该在文件最终完成之后，才将字体嵌入到文件中。

11.3 演示文稿的保护

PowerPoint 2010提供了多种文档保护措施。单击"文件"→"信息"→"保护演示文稿"按钮，在弹出的下拉菜单中，会看到四个保护选项，如图11-5所示。

"标记为最终状态"后，打开演示文稿后显示为"只读"，但任何人都可以取消此标记重新编辑文档。

"用密码进行加密"的PPT则只有输入密码后才能打开、编辑文档。

"按人员限制权限"是根据Windows Live ID确定用户的权限，如

图11-5 "保护演示文稿"的四个选项

图11-6所示，可以添加不超过26个Windows Live ID，只有拥有这些ID的人才有权限读取文件或者更改文件。如果你只希望这个PPT在小组内部传播，则这是一种很好的保密方式。

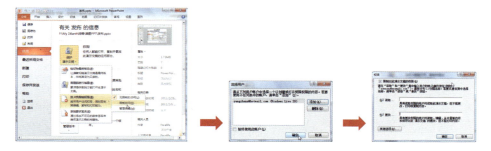

图11-6 按人员设置权限

"添加数字签名"用于显示该文档的真实性。添加数字签名后PPT将会标记为最终状态，如

果删除标记,则签名也会随之删除。因此,可以通过查看签名,验证PPT在中间是否经过了他人的修改。

不过在PPT中最常用的保护方式是设置打开和修改权限密码。设置"打开权限密码"与"使用密码加密"的效果相同,而设置"修改权限密码"后,任何人都可以查看该文档,但只有输入正确的密码后才能获得修改权限。在"文件"选项卡中单

图11-7 设置打开及修改权限密码

击"另存为"命令,在弹出的"另存为"对话框中单击最下方的"工具"按钮,在弹出的"常规选项"对话框中,即可设置这两个密码,如图11-7所示。

11.4 使用"演示者"视图

"演示者"视图能让PPT保持内容简约的同时起到提词器的作用:演示者可以同时看到播放页面和备注信息,而观众只能看到播放页面,因此你只需把讲稿写到备注里即可。"演讲者"视图的使用方法如下。

连接投影仪,在桌面右击,进入"屏幕分辨率"设置,(投影仪或外部显示器连接成功后,此处会出现两个屏幕),单击"2"号屏幕,在"多显示器"中选择"扩展这些显示",如图11-8所示,调节分辨率至适当。

图11-8 设置扩展屏幕

布后打开PPT,在"幻灯片放映"的"监视器"区域,勾选"使用演示者视图",选择显示位置为2号显示器,如图11-9所示。

图11-9 设置演示者视图及幻灯片放映显示器

幻灯片放映之后，演示者和观众看到的播放画面如图11-10所示。

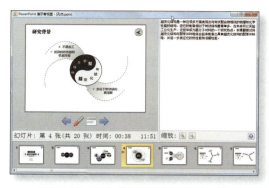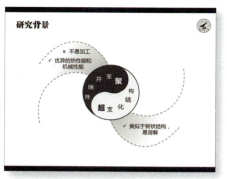

图11-10　勾选"使用演示者视图"时演示者看到的（左）和观众看到的（右）播放画面

11.5　遥控演示PPT

为创造更多和观众交流的时间与机会，演示者需要一个遥控设备来控制PPT，而无须每次翻页都走到电脑跟前。其中，遥控激光笔通常无须安装驱动，即插即用，稳定可靠，体积小巧，可以简单地完成PPT的前后翻页和黑屏白屏等操作。市面上的遥控激光笔样式繁多，功能大同小异，如图11-11所示。笔者推荐的是罗技R400这一款，即插即用，握感良好，连接稳定，质量扎实，具有前后翻页、黑白屏和激光笔功能。

图11-11　PPT各种遥控设备

除了激光笔，你还可以使用手机、平板电脑等移动设备遥控PPT演示。为了使用手机或者平板电脑控制PPT播放，你至少需要安装具有远程遥控电脑的APP。但使用移动设备控制计算机时可能存在软件的兼容性问题，连接和控制也没有激光笔可靠稳定，但功能远比激光笔强大，很多APP都提供通过移动设备查看PPT备注、直接跳到指定页面的功能，一些 APP还可以在移动设备上使用荧光笔对PPT进行标注。

在众多PPT播放控制APP中，i-Clickr PowerPoint Remote是兼容性和功能性都值得推荐的一款（http://www.senstic.com/products/iclickr/iclickr.aspx）。i-Clickr是一款跨平台（Windows/Mac）的PPT遥控软件，支持Apple iOS、Andorid、Windows Phone、Windows 8等诸多移动设备，可以通过蓝牙、

WiFi、Ad Hoc网络或者移动热点连接电脑并控制PPT和Keynote的播放。使用i-Clickr需要在手机和电脑上分别安装i-Clickr PowerPoint Remote客户端和服务端软件，通过蓝牙或者WiFi连接移动设备和电脑，就可以使用i-Clickr控制PPT播放了。除了基本的翻页、黑屏等功能，i-Clickr还可以在移动设备上显示PPT备注，甚至可以在移动设备上对PPT进行标注，非常方便，如图11-12所示。i-Clickr现已支持PowerPoint 2003、2007、2010和2013版。

图11-12　使用i-Clickr遥控PPT

11.6　录制幻灯片演示

PowerPoint的录制幻灯片演示功能可以将演讲时的语音按幻灯片记录下来，从而形成一个带有语音讲解的课件。将课件导出为视频之后，即得到一个带有讲解的视频教程。

使用录制幻灯片演示功能前，首先要检查你的麦克风是否工作正常。打开控制面板，在右上方的搜索框中输入"麦克风"，单击搜索结果中的"识别麦克风"，即可检查麦克风的工作状况。

麦克风检查无误后，在PowerPoint中进入"幻灯片放映"菜单，勾选"播放旁白"、"使用计时"和"显示媒体控件"，如图11-13所示，而后单击"录制幻灯片演示"按钮，幻灯片即进入放映状态。

图11-13　"幻灯片放映"菜单

在放映状态，你的语音、鼠标单击、翻页动作、激光笔动作（激光笔功能在PowerPoint 2013以上版本提供）都会被记录下来，但荧光笔和笔的墨迹不会被记录。这样，幻灯片放映完成后，每一页都添加了一个音频文件。音频文件里记录了你在播放该页时的语音。录制完成后，使用PowerPoint将PPT导出为视频：选择"使用录制的计时和旁白"，放映每张幻灯片的秒数设定为0。

注意，PowerPoint的这个功能做得不甚完善，bug较多。首先，录制视频时，尽量不要使用"荧光笔"和"笔"等标注工具，否则会出现语音与动作时间不同步的问题。另外，在PowerPoint 2013中使用"激光笔"功能也容易产生类似问题。其次，不要在翻页的时候或者即将翻页的时候讲话，否则声音会被切割到两个PPT中，从而丢失部分声音，翻页刹那的声音也容易产生时间误差和破音等问题。

附录A　PowerPoint 快捷键大全

编辑状态

Ctrl+A　选择全部对象或幻灯片
Ctrl+B　应用（解除）文本加粗
Ctrl+C　复制
Ctrl+D　快速复制对象
Ctrl+E　段落居中对齐
Ctrl+F　激活"查找"对话框
Ctrl+G　组合
Ctrl+H　激活"替换"文本框
Ctrl+I　应用（解除）文本倾斜
Ctrl+J　段落两端对齐
Ctrl+K　插入超链接
Ctrl+L　段落左对齐
Ctrl+M　插入新幻灯片
Ctrl+N　生成新PPT文件
Ctrl+O　打开PPT文件
Ctrl+P　打开"打印"对话框
Ctrl+Q　关闭程序
Ctrl+R　段落右对齐
Ctrl+S　保存当前文件
Ctrl+T　激活"字体"对话框
Ctrl+U　应用（解除）文本下划线
Ctrl+V　粘贴
Ctrl+W　关闭当前文件
Ctrl+X　剪切
Ctrl+Y　重复最后操作
Ctrl+Z　撤销操作
Ctrl+F1　折叠功能区
Ctrl+F2　打印
Ctrl+F4　关闭程序
Ctrl+F5　联机演示
Ctrl+F6　移动到下一个窗口
Ctrl+F12　打开文件
Ctrl+=　将文本改为下标
Ctrl+方向键　微调对象位置
Ctrl+拖动对象　复制对象
Ctrl+拉伸对象　按中心缩放对象
Ctrl+鼠标滚轮　缩放编辑区
Shift+F3　更改字母大小写
Shift+F4　重复最后一次查找
Shift+F5　从当前幻灯片开始放映
Shift+F9　显示（隐藏）网格线
Shift+F10　显示右键快捷菜单
Shift+方向键　缩放对象
Shift+拖动对象　水平/垂直移动对象
Shift+拉伸对象　等比例缩放对象
Shift+旋转对象　间隔15°旋转对象
Ctrl+Shift+=　将文本改为上标
Ctrl+Shift+C　复制对象格式
Ctrl+Shift+V　粘贴对象格式
Ctrl+Shift+G　取消组合
Ctrl+Shift+> 或 Ctrl+]　增大字号
Ctrl+Shift+< 或 Ctrl+[　减小字号
F1　PowerPoint帮助
F2　修改文字
F4　重复最后一次操作
F5　从头开始放映
F6　按1次，光标显示到备注；按2次，显示功能区标签快捷键；按3次，添加备注
F7　拼写错误检查
F10　显示功能区标签快捷键
F12　执行"另存为"命令
Alt+F5　显示演示者视图
Alt+F9　显示（隐藏）参考线
Alt+F10　显示选择窗格
Alt+←→　间隔15°旋转对象
方向键　移动对象

放映状态

Ctrl+H　隐藏鼠标指针
Ctrl+A　显示鼠标指针
Ctrl+P　使用画笔
Ctrl+E　使用橡皮擦
Ctrl+M　隐藏/显示画笔痕迹
数字+Enter　指定放映第几张幻灯片
W 或，白屏或退出白屏
B 或．黑屏或退出黑屏
Home　定位到第一页
End　定位到最后一页
S　停止或重新启动自动幻灯片放映
G　显示全局缩略图
N ↓ → PageDown Enter 空格　执行下一个动画或放映下一页
P ↑ ← PageUp　执行上一个动画或放映上一页
ESC　退出放映

附录B

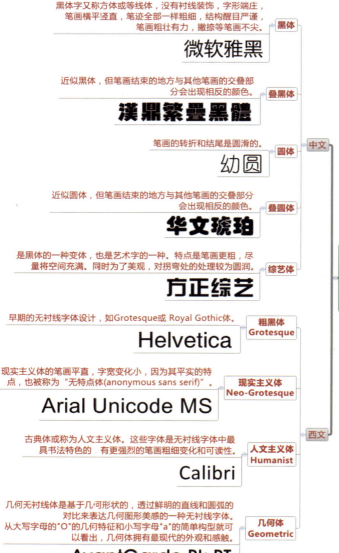

附录B 字体的分类

字体的分类

中文

宋体
宋体或明体，是一种汉字印刷字体。笔画有粗细变化，而且一般是横细竖粗，末端有装饰部分（即"字脚"或"衬线"），点、撇、捺、钩等笔画有尖端，属于白体，常用于书籍、杂志、报纸印刷的正文排版。

华文中宋

仿宋体
仿宋体，是仿制南宋临安陈宅书籍铺出版的书籍的字体而来的一种中文字体。
拥有楷体的笔型，横画向上斜，折笔明显。笔画较直而均。各笔画等粗。字体较为瘦长。

仿宋

楷体
楷书，又称正楷、楷体、正书或真书，是汉字书法中常见的一种字体。其字形较为正方，不像隶书写成扁形。楷书仍是现代汉字手写体的参考标准，也发展出另一种手写体——钢笔字。

华文新魏　华文楷体

隶书
隶书，亦称汉隶，是汉字中常见的一种庄重的字体，书写效果略微宽扁，横画长而直画短，呈长方形状，讲究"蚕头雁尾"、"一波三折"。

隶书

西文

衬线体（白体）
衬线体指的是有衬线的字体，又称为"有衬线体"。衬线指的是字形笔画末端的装饰细节部分。中文中，白体类似衬线体。

旧体 Old Style
旧体的特征是：强调对角方向——一个字母最细的部分不是在顶部或底部，而是在斜对角的部分；粗细线条之间微妙的区别——笔画粗细的对比不强烈；出众的可读性

Garamond

过渡体 Transitional
在风格上处于现代体和旧体之间。和旧体比较，粗细线条的反差得以强调，但是没有现代体那么夸张。

Times New Roman

粗衬线体 Slab Serif
粗衬线中笔画粗细差距较小，而衬线相当粗大，几乎和竖画一样粗，而且通常弧度很小。这种字体外观粗大方正，各个字母通常是固定的水平宽度，字体表现和打字机一样。这类字体通常被说成是单纯在无衬线字体加上大衬线，因为从字母本身的形状和无衬线体很类似，笔画的粗细几乎没有差别。

Courier New

现代体 Modern
现代体强调了粗细笔画之间的强烈对比，加重了竖画，而把衬线作得细长。大部分现代衬线体的可读性不及旧体和过渡体衬线体。

Modern No.2

装饰性字体
装饰性字体或多或少的加入了一些图像的元素，看上去更像是图片，因而具有很强的装饰性。

附录C 图 表

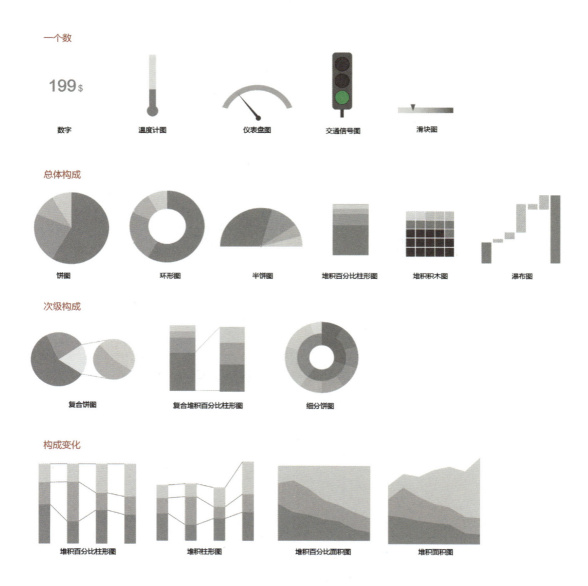

分类比较

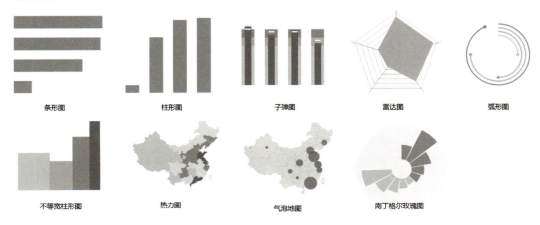

多项目分类比较

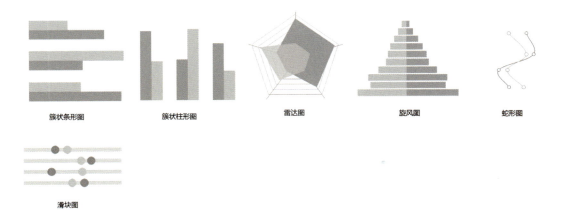

时间变化

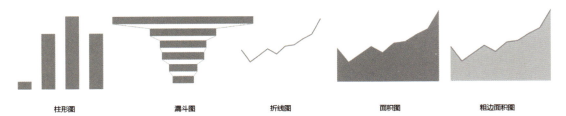

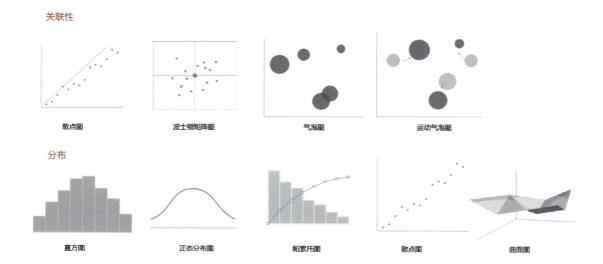

附录D 图示汇总

并列图示

主次图示

总分图示

递进图示

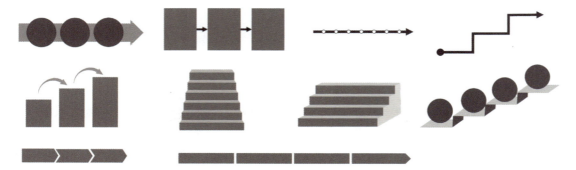

循环图示

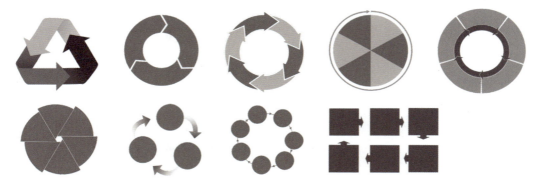

等级图示

包含图示

因果图示

对比图示

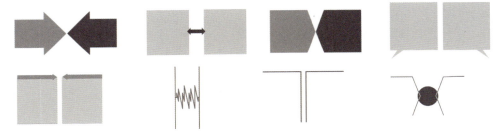

关联图示

示意图

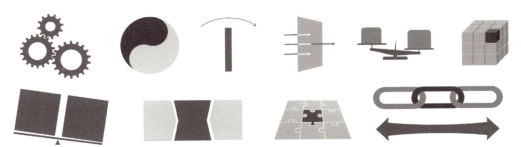

附录E PowerPoint 2003/2010动画对照表

PowerPoint 2003	PowerPoint 2010
进入动画	
放大	
光速	
滑翔	
缓慢进入	
挥舞	下拉
渐变	淡出
渐变式回旋	旋转
渐变式缩放	缩放
渐入	
闪烁一次	
扇形展开	楔入
上升	浮入
伸展	
缩放	基本缩放
投掷	
线形	
下降	浮入
旋转	基本旋转
压缩	
颜色打字机	
展开	
折叠	
退出动画	
层叠	
翻转式由远及近	收缩并旋转
放大	
光速	
滑翔	
缓慢移除	

PowerPoint 2003	PowerPoint 2010
挥舞	下拉
渐变	淡出
渐出	
渐变式回旋	旋转
渐变式缩放	缩放
闪烁一次	
扇形展开	楔入
上升	浮出
伸缩	
缩放	基本缩放
投掷	
下降	浮出
线形	
旋转	基本旋转
颜色打字机	
展开	
折叠	
强调动画	
爆炸	
彩色波纹	
垂直突出显示	
更改字号	
更改字体	
更改字形	
忽明忽暗	脉冲
混色	对象颜色
闪动	
添加下画线	下画线彩色脉冲
样式强调	
着色	画笔颜色

注：表格只列出了PowerPoint 2003和2010有差异的动画，功能和名称完全一样的动画在表格中没有列出。

附录F
达人们都是怎么找图的

1. 平时搜索图片有偏爱的网站吗？哪些网站是您最常用的（最多不超过5个）？推荐这些网站的原因分别是什么？

阿文

【如果做的PPT不涉及商用】

500PX（http://500px.com/）：高清无码，创意。

Flickr（http://www.flickr.com/）：这里是全世界最大的摄影爱好者聚集地，照片都很有故事性。

1X（http://1x.com/）：这个网站的图片格调比较高。

也许全景网更容易找到合适的商务图片，但我有个癖好就是喜欢高清无码，以上网站只要耐心搜索，都能搜到超赞的创意图片。

【如果做的PPT涉及商用】

如果要商用，当然要下载无版权的免费图片。

Unsplash（http://unsplash.com/）：这个网站每十天更新10张图片，作者放弃所有权利，完全可商用！

类似的网站还有下面这个，但我觉得unsplash已经够我用很久了。http://www.uisdc.com/free-hd-picture-website

曹将

Flickr（http://www.flickr.com/）：全球最漂亮的图片都在这里，不过需要翻墙。

全景网（http://www.quanjing.com/）：商务图片为主，适合金融地产类行业。

站酷网（http://www.zcool.com.cn/）：无论是png还是jpeg，图片素材丰富。

邓稳

华盖创意（http://www.gettyimages.cn）：很强大的图片网站，毫无理由地推荐。

Pirterest（http://www.pinterest.com）：图片的风格和类型很多，总会找到一些意想不到的图片。

2. 有没有特别的搜索技巧？

阿文

我没有特别的搜索技巧，最多也就是用英文关键词而已。

但我有特别的下载技巧，俗称盗图……哈哈哈哈哈哈……

我之前写过两篇关于下载图片的教程，烦请移步。

微信扫码看视频

曹将

一般来说会去必应（bing）上搜索图片（毕竟谷歌在大陆很不稳定），同时尝试英文和中文的搜索关键词。

邓稳

一般感觉是看缘分。比如用getty找图，会先找一个类似的词，然后看看相似的图片，找着找着，一张合适的图就出现了！

3. 您平时会注意建立自己的图片素材库吗？这样做的原因是？

阿文

当然会，自己的才是最好的：

a. 方便检索；

b. 没灵感的时候逛逛，一下子就有了；

c. 拿来当壁纸也不错啊~！

曹将

会。特别是经常使用到的一类图片，保证在断网情况下，也能完成一个PPT。

邓稳

不会建立，因为每次找图片的时候，都是跟着感觉走，所以不会刻意地收集图片。

附录G
PPT原创博客推荐

让PPT设计New一New（@Lonely_Fish）

http://lonelyfish1920.blog.163.com/

《说服力》系列畅销书作者之一，培训师包翔的博客。博文风格独树一帜，讲授的包派工作型PPT自成一套，风格简约，实用性极强。博文配图一丝不苟，文风既活泼又犀利，读起来一点也不枯燥。

基于PPT的课件制作（@蝇子）

http://www.yingzi007.com/

博主蝇子是专业的课件开发者。博客除了包含配色、字体、版式设计等关乎PPT制作的方方面面的高质量教程，还有很多可用性极高的素材分享。

PPT设计及其他（@大乘起信_vht）

http://pptdesign.blogbus.com/

国内最早的PPT设计博客之一。作为国内PPT设计的先驱，博主大乘起信的观点常常犀利深刻，对PPT设计有独到见解。

Presenting to Win（@杨天颖GaryYang）

http://www.arshina.com/

演讲教练、培训师杨天颖的博客。杨天颖老师的PPT如商业杂志广告般精雕细琢，一丝不苟又让人非常舒服。故事般的博文以传授演说技巧为主，相比众多侧重PPT设计的博客显得更加珍贵。

孙小小（@孙小小爱学习）

http://xiaoxiaosun1978.blog.sohu.com/

《PPT演示之道》作者、培训师孙小小的博客。博主是全图型PPT的倡导者和实践者，其一目了然的PPT设计理念，非常有助于提高你的视觉化思维水平。

曹将的学习笔记（@曹将PPTao）

http://blog.sina.com.cn/caojiangppt

《PPT炼成记》作者曹将的博客。博主系文艺小资男青年一枚，PPT风格简约实用。除了清新爽口的博文，博客里还有上百个博主的PPT作品分享。

Excelpro（@刘万祥Excelpro）

http://excelpro.blog.sohu.com/

Excelpro是国内知名的Excel图表博客，博主是图表畅销书《Excel图表之道》《用地图说话》的作者刘万祥。博客分享杂志级商业图表的制作技巧，要学习更多专业图表的制作技巧，此博客必读。

Presentation Zen

http://www.presentationzen.com/

演示专家、畅销书《Presentation Zen》作者Garr Reynolds的博客。除了介绍全图型PPT的制作技巧，Presentation Zen还是为数不多的介绍演讲技巧的PPT博客之一。

附录H
其他一些应该知道的网站

设计网站：

Before & After Magazine（http://www.bamagazine.com/）

Before & After Magazine是非常著名的设计杂志，让平面设计更易懂、更有用、更有趣，让每一个人都能做出漂亮的平面设计。即便你完全不懂设计，B&A Magazine阅读起来也没有任何门槛，它对于提升你的PPT设计水平大有好处。

演示学习

TED talks（http://www.ted.com/talks）

TED大会是由非营利组织种子基金会支持的，每一年的三月在美国汇集众多科学家、设计师、文学家、音乐家等领域的杰出人物，在TED大会上分享他们关于技术、社会、人的思考和探索。可以想见，TED大会上的演讲几乎是世界上最高水平的演讲，因为台下的倾听者都是起初对演讲者的专业领域一无所知的人。在国内的视频网站上，可以搜索到很多带有中文字模的TED视频，在豆瓣还有一个TED talks讨论小组（http://www.douban.com/group/tedtalks/），你可以到这里看到很多关于TED的中文信息。

Apple Event（http://www.apple.com/apple-events/）

苹果创始人Steven Jobs的演说总是让人印象深刻，到苹果网站的Apple Event你可以欣赏到这位传奇人物的演讲风采。当然，苹果的网站不仅仅有这些视频值得我们学习，他们的网页简洁、华丽、干净、震撼，是PPT的楷模和典范。

Common Craft（http://www.commoncraft.com/）

Common Craft是一个特别的网站，他们的产品是"解释"：通过简短和简洁的视频向我们解释一些复杂、高深和前沿的问题。简单的线条，黑白的画面，Common Craft视频的独特风格对于PPT的动画制作有很好的启发。

鸣　　谢

在写作过程中，很多老师和朋友给予了我慷慨无私的帮助，没有他们的帮助，我不可能完成本书。

杨天颖老师（@杨天颖GaryYang），包翔老师（@Lonely_Fish），邓稳先生(@邓稳PPT)，李贤忠先生（@无敌的面包），曹将（@曹将PPTao），蝇子姐姐（@蝇子），阿文（@Simon_阿文），刘革老师（@大乘起信_vht），天好大哥，彭金峰先生(@九逸-Soloman)，范国雄先生（@爱弄PPT的老范），曾天先生（@曾天Tim），巴玉浩先生（@小巴），陈魁老师（@锐普PPT陈魁），灰色的风（@灰色_风），秦阳先生（@秦阳），蔡思娴女士(@小博新年要发奋)，孙宁先生（@好PPT），郭梦姣女士（@梦姣_随遇而安），李旸旸先生（@上传下载的乐趣），他们慷慨提供了众多优秀案例，如果没有这些案例，本书必定黯然无色。

潘淳先生（@爱PPT论坛）和温健先生（@只为设计）专门开发了PPSchool和OK Tools特别版插件，使多帧循环和粒子动画的制作过程大为简化。

师弟周小力、朱秀忠和郑仪菲女士（@大猫菲菲）校对了部分章节，并提出了很多宝贵建议，他们的协助与本书的完善息息相关。

银勇鑫先生（阿呆），包翔老师，陈魁老师，丁峰先生，何佳瑾老师，灰色的风，刘浩老师，刘革老师，张志老师（@秋叶），孙小小老师，谭亚丁先生，天好大哥，蝇子姐姐，张文霖先生，他们在百忙之中为本书第一版精心撰写了评论，让更多读者了解和信任本书。

成都道然科技有限公司的工作人员竭尽心力，让本书尽善尽美。

最后感谢给予我无尽关心、爱护和支持的父亲杨尧一、母亲金月兰和姐姐杨斐。